化学是你，化学是我

HUAXUESHINI HUAXUESHIWO

于川 著

中国出版集团
现代出版社

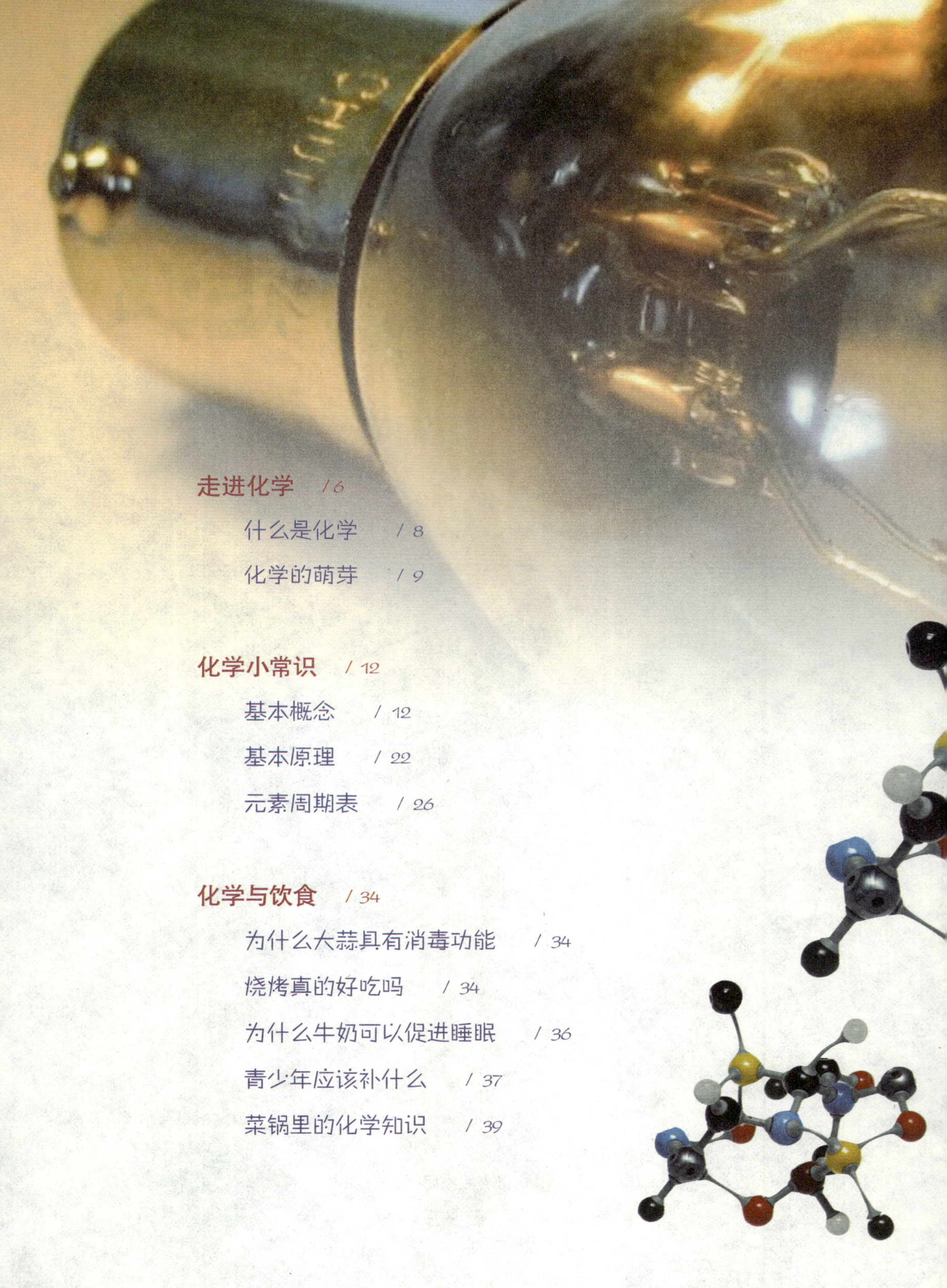

目录

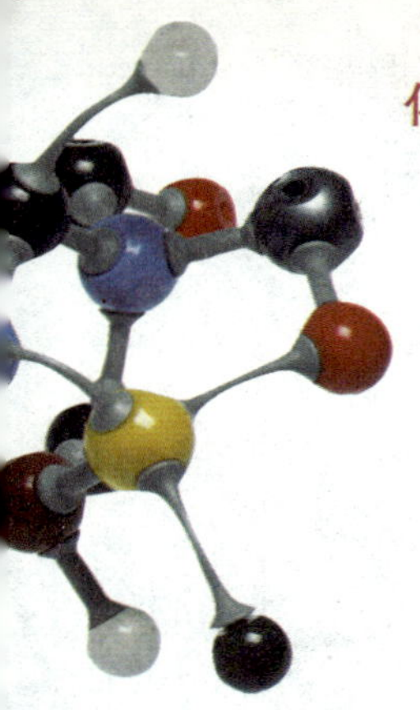

目录

无处不在的化学

人们的衣食住行样样都需要物质，丰富的物质世界带给我们多彩的生活。学了化学，你会发现其实化学就在你身边。无论是生产、生活，还是环境保护、能源与资源的利用、医药卫生与人体健康等与化学物质有着广泛的关系。生活中也有着许多化学常识需要我们去认识。

化学（chemistry）是研究物质的组成、结构、性质以及变化规律的科学。世界是由物质组成的，化学则是人类用以认识和改造物质世界的主要方法和手段之一，它是一门历史悠久而又富有活力的学科，它的成就是社会文明的重要标志。

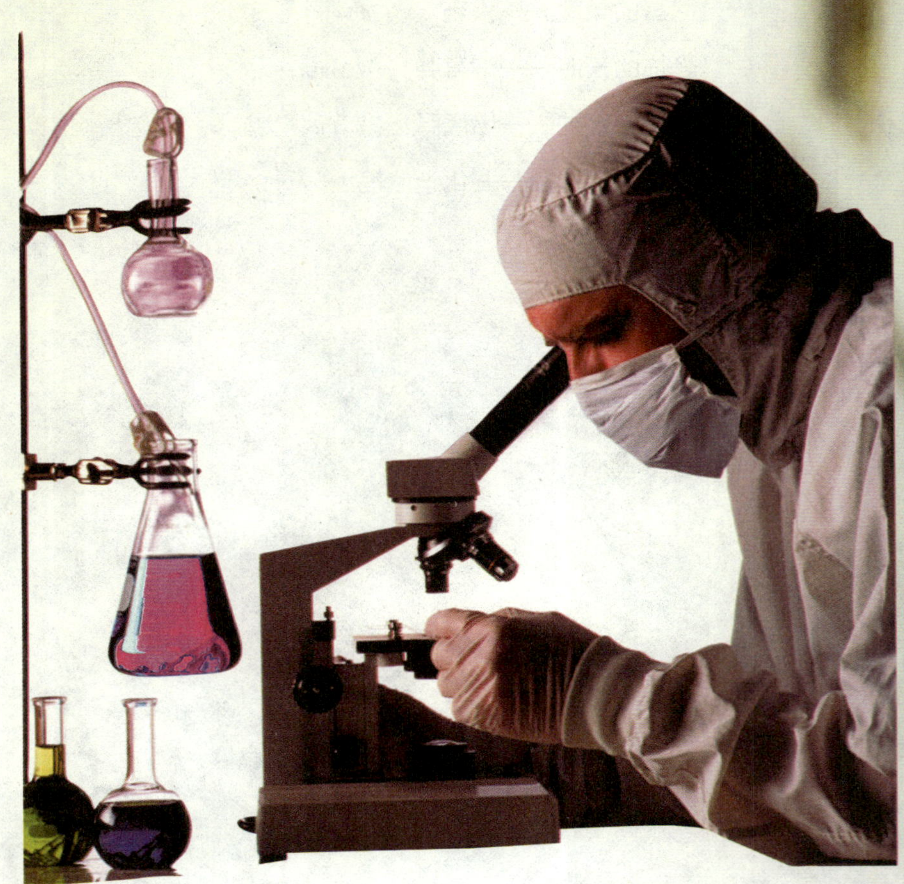

化学是你，化学是我

什么是化学 >

“化学”一词，若单是从字面解释就是“变化的科学”。化学如同物理一样皆为自然科学的基础科学。化学是一门以实验为基础的自然科学。很多人称化学为“中心科学”(central science)，但这是一个不太准确的概念。它是研究物质的组成、结构、性质及其变化规律的科学。

化学对我们认识和利用物质具有重要的作用，宇宙是由物质组成的，化学则是人类用以认识和改造物质世界的主要方法和手段之一，它是一门历史悠久而又富有活力的学科，它与人类进步和社会发展的关系非常密切，它的成就是社会文明的重要标志。

从开始用火的原始社会，到使用各种人造物质的现代社会，人类都在享用化学成果。人类的生活能够不断提高和改善，化学在其中起了重要的贡献作用。

化学是重要的基础科学之一，在与物理学、生物学、地理学、天文学等学科的相互渗透中，得到了迅速的发展，也推动了其他学科和技术的发展。例如，核酸化学的研究成果使今天的生物学从细胞水平提高到分子水平，建立了分子生物学；对各种星体的化学成分的分析，得出了元素分布的规律，发现了星际空间有简单化合物的存在，为天体演化和现代宇宙学提供了实验数据，还丰富了自然辩证法的内容。

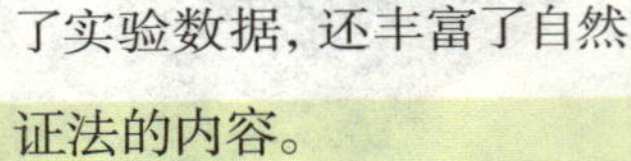

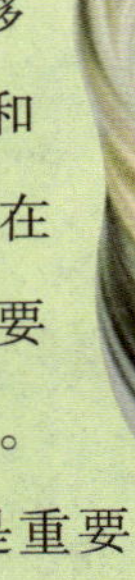

化学的萌芽

古时候，原始人类为了他们的生存，在与自然界的种种灾难进行抗争中，发现和利用了火。原始人类学会用火，是由野蛮进入文明的标志之一，同时也就开始了用化学方法认识和改造天然物质。燃烧就是一种化学现象——火的发现和利用，改善了人类生存的条件，并使人类变得聪明而强大。掌握了火以后，人类开始食用熟食，继而人类又陆续发现了一些物质的变化，如在翠绿色的孔雀石等铜矿石上面燃烧炭火，会有红色的铜生成。这样，人类在逐步了解和利用这些物质的变化的过程中，制造了对人类具有使用价值的产品。人类逐步学会了制陶、冶炼，以后又懂得了酿造、染色等等。这些由天然物质加工改造而成的制品，成为古代文明的标志。在这些生产实践的基础上，萌发了古代化学知识。

古人曾根据物质的某些性质对物质进行分类，并企图追溯其本源及其变化

规律。中国古代朴素的唯物论和自然发的辩证法思想，就认为世界时物质的，并提出了阴阳五行学说，认为万物是由金、木、水、火、土五种基本物质组合而成的，而五行则是由阴阳二气相互作用而成的。用“阴阳”这个概念来解释自然界两种对立和相互消长的物质势力，认为二者的相互作用是一切自然现象变化的根源。此学说为中国炼丹术的理论基础之一。

公元前4世纪，希腊也提出了与五行学说类似的火、风、土、水四元素说和古代原子论。这些朴素的元素思想，即为物质结构及其变化理论的萌芽。后来在中国出现了炼丹术，到了公元前2世纪的秦汉时代，炼丹术已颇为盛行，大致在公元7世纪传到阿拉伯国家，与古希腊哲学相融合而形成阿拉伯炼丹术，阿拉伯炼丹术于中世纪传入欧洲，形成欧洲炼金术，后逐步演进为近代的化学。

炼丹术的指导思想是深信物质能转化，试图在炼丹炉中人工合成金银或修

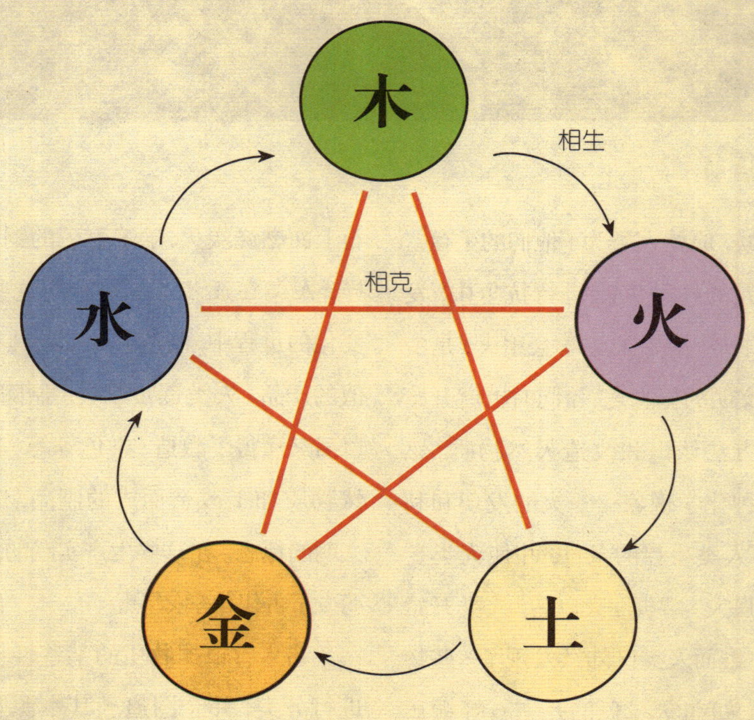

炼长生不老之药。他们有目的地将各类物质搭配烧炼，进行实验。为此涉及了研究物质变化用的各类器皿，如升华器、蒸馏器、研钵等，也创造了各种实验方法，如研磨、混合、溶解、洁净、灼烧、熔融、升华、密封等。

与此同时，进一步分类研究了各种物质的性质，特别是相互反应的性能。这些都为近代化学的产生奠定了基础，许多器具和方法经过改进后，仍然在今天的化学实验中沿用。炼丹家在实验过程中发明了火药；发现了若干元素，制成了某些合金；还制出和提纯了许多化合物，这些成果我们至今仍在利用。

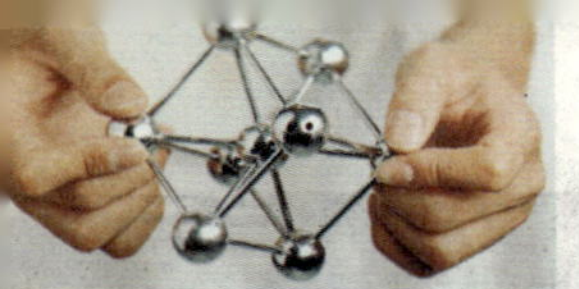

化学小常识

基本概念 >

• 分子

分子是物质中能够独立存在的相对稳定并保持该物质物理化学特性的最小单元。分子由原子构成，原子通过一定的作用力，以一定的次序和排列方式结合成分子。以水分子为例，将水不断分离下去，直至不破坏水的特性，这时出现的最小单元是由两个氢原子和一个氧原子构成的一个水分子（H_2O）。一个水分子可用电解法或其他方法再分为两个氢原子和一个氧原子，但这时它的特性已和水完全不同了。有的分子只由一个原子构成，称单原子分子，如氦和氩等分子属此类，这种单原子分子既是原子又是分子。由两个原子构成的分子称双原子分子，例如氧分子 (O_2) 和一氧化碳分子 (CO)：一个氧分子由两个氧原子构成，为同核双原子分子；一个一氧化碳分子由一个氧原子和一个碳原子构成，为异核双原子分子。由两个以上的原子组成的分子统称多原子分子。分子中的原子数可为几个、十几个、几十个乃至成千上万个。例如，一个二氧化碳分子 (CO_2) 由一个碳原子和两个氧原子构成。一个苯分子包含 6 个碳原子和 6 个氢原子 (C_6H_6)，一个猪胰岛素分子包含几百个原子，其分子式为 $C_{255}H_{380}O_{78}N_{65}S_6$。分子结构或称分子立体结构、分子形状、分子几何，建立在光谱学数据之上，用以描述分子中原子的三维排列方式。分子结构在很大程度上影响了化学物质的反应性、极性、相态、颜色、磁性和生物活性。

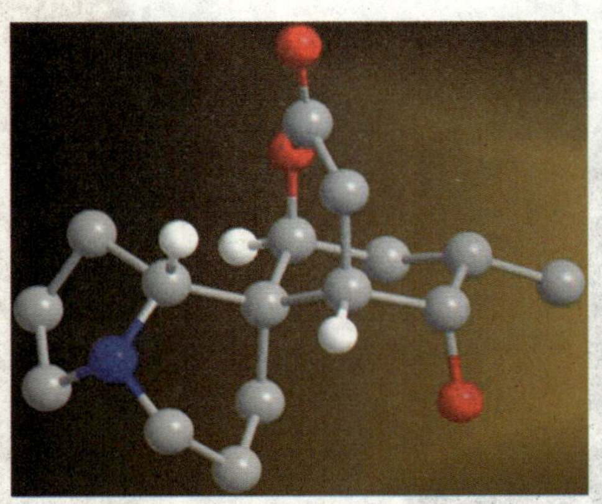

• 原子

原子指化学反应的基本微粒，原子在化学反应中不可分割。原子直径的数量级大约是 10^{-15}~10^{-10}m。原子质量极小，且 99.9% 集中在原子核。原子核外分布着电子，电子跃迁产生光谱，电子决定了一个元素的化学性质，并且对原子的磁性有着很大的影响。所有质子数相同的原子组成元素，每一种元素至少有一种不稳定的同位素，可以进行放射性衰变。原子最早是哲学上具有本体论意义的抽象概念，随着人类认识的进步，原子逐渐从抽象的概念成为科学的理论。

• 元素

具有相同核电荷数（即质子数）的同一类原子总称为元素（在这里，离子是带电荷的原子或原子团）。

到目前为止，人们在自然中发现的物质有 3 000 多万种，但组成它们的元素至 2010 年只有 118 种。在近代化学中，元素特指自然界中 100 多种基本的金属和非金属物质，它们只由一种原子组成，其原子中的每一核子具有同样数量的质子，用一般的化学方法不能使元素分解，并且它们能构成一切物质。一些常见元素的例子有碳、氢和氧。

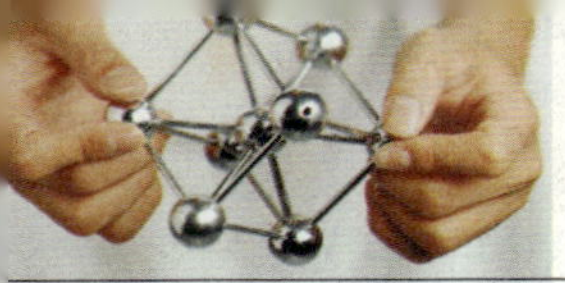

• 化学物质

化学物质是化学运动的物质承担者，也是化学科学研究的物质客体。这种物质客体虽然从化学对象来看只是以物质分子为代表，然而从化学内容来看则具有多种多样的形式，涉及到许许多多的物质。因此，研究化学物质的分类就显得非常重要。

• 化学命名法

IUPAC 有机物命名法是一种以系统命名有机化合物的方法。该命名法是由国际纯粹与应用化学联合会（IUPAC）规定的，最近一次修订是在 1993 年。其前身是 1892 年日内瓦国际化学会的“系统命名法”。最理想的情况是，每一种有清楚的结构式的有机化合物都可以用一个确定的名称来描述它。它其实并不是严格的系统命名法，因为它同时接受一些物质和基团的惯用法而命名。中文的系统命名法是中国化学会在英文 IUPAC 命名法的基础上，再结合汉字的特点制定的。1960 年制定，1980 年根据 1979 年英文版进行了修定。

• 离子

离子是指原子由于自身或外界的作用而失去或得到一个或几个电子使其达到最外层电子数为8个(如第一层是最外层,则为2个,若是氢离子,则没有外层电子)的稳定结构。这一过程称为电离。电离过程所需或放出的能量称为电离能。在化学反应中,金属元素原子失去最外层电子,非金属原子得到电子,从而使参加反应的原子或原子团带上电荷。带电荷的原子叫做离子,带正电荷的原子叫做阳离子,带负电荷的原子叫做阴离子。阴、阳离子由于静电作用而形成不带电性的化合物。与分子、原子一样,离子也是构成物质的基础。如氯化钠就是由氯离子和钠离子构成的。

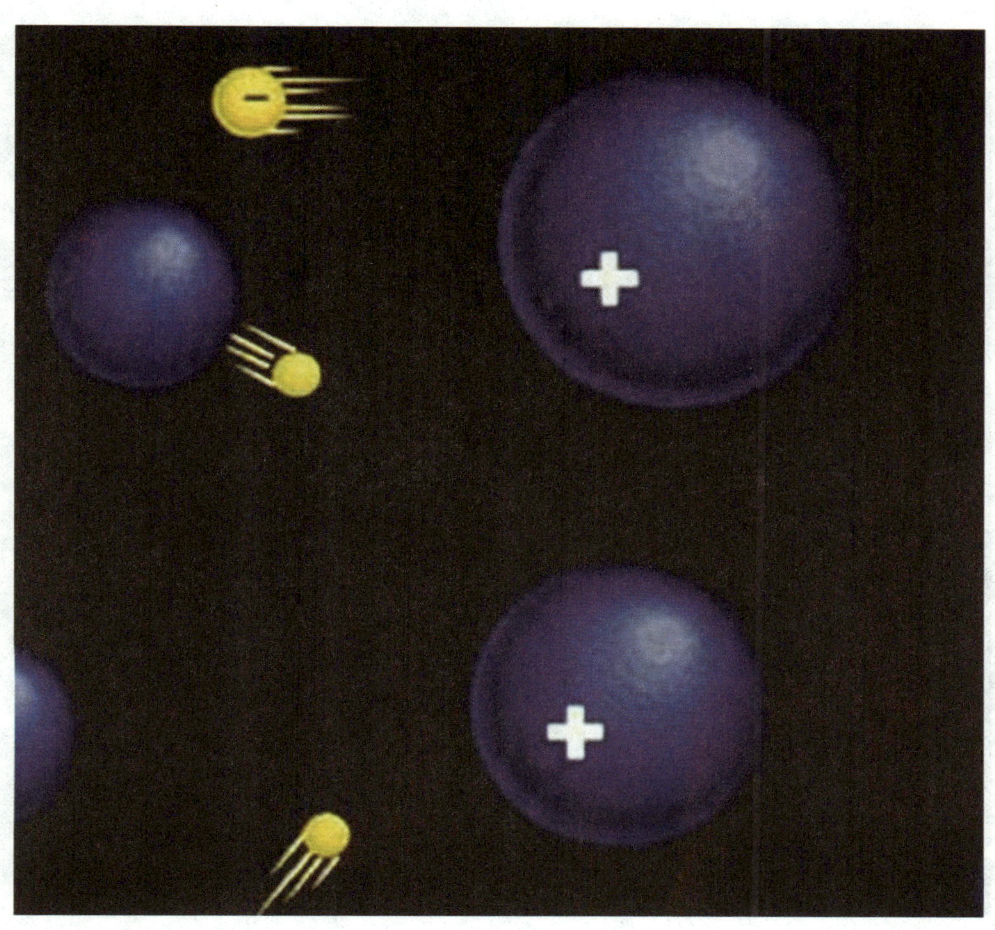

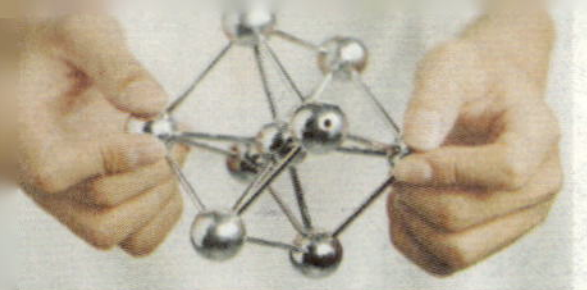

• 酸碱性

酸碱性是指能够使紫色的石蕊试液变色的性质。酸性溶液能使紫色的石蕊试液变红，碱性溶液能使紫色的石蕊试液变蓝。呈中性的不能使紫色的石蕊试液变色。

酸性溶液不能使无色的酚酞试液变色，中性溶液不能使无色的酚酞试液变色。呈碱性的能使无色的酚酞试液变红。但严格说来酸碱性的判定应根据氢离子、氢氧根的相对浓度多少：氢离子浓度大于氢氧根浓度时为酸性，氢离子浓度等于氢氧根浓度时为中性，氢离子浓度小于氢氧根浓度时为碱性。因为石蕊试液变色范围是pH5.0~8.0之间，故常用其检验溶液的酸碱性。

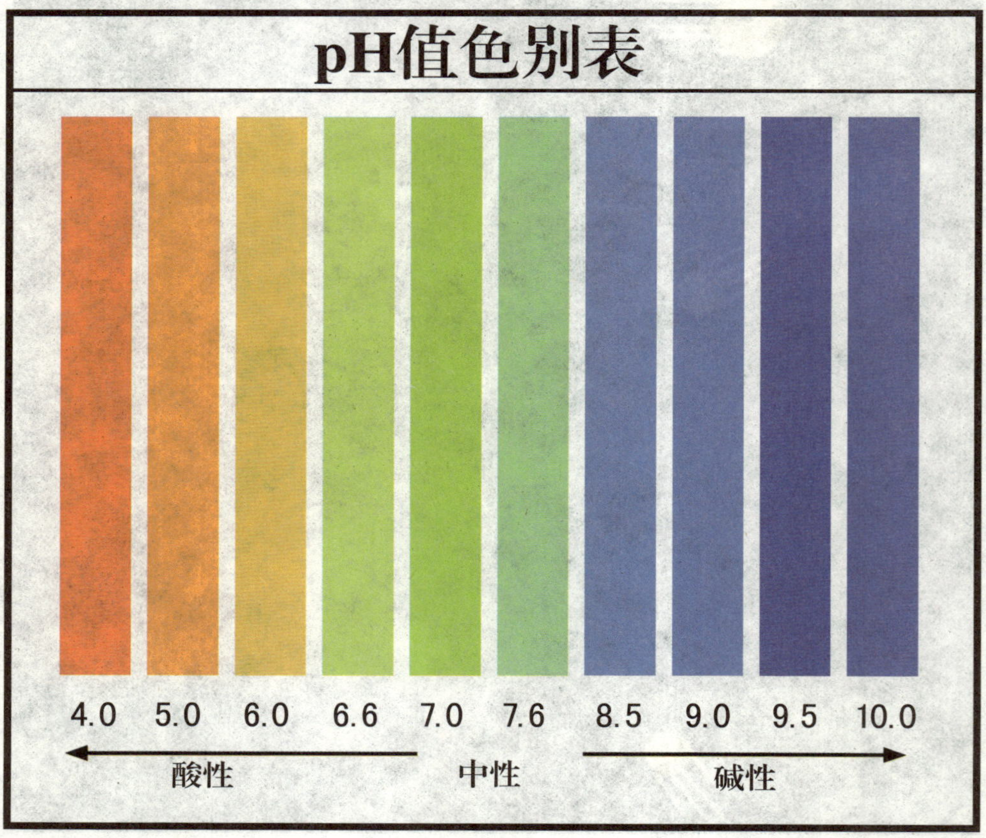

pH值色别表

4.0	5.0	6.0	6.6	7.0	7.6	8.5	9.0	9.5	10.0

← 酸性　　中性　　碱性 →

• 氧化还原

在无机反应中，有元素化合价升降，即电子转移（得失或偏移）的化学反应是氧化还原反应。在有机反应中，有机物引入氧或脱去氢的作用叫做氧化反应，引入氢或失去氧的作用叫做还原反应。氧化与还原的反应是同时发生的，即氧化剂在使被氧化物氧化时，自身也被还原，而还原剂在使被还原物还原时自身也被氧化，氧化还原反应的特征是元素化合价的升降，实质是发生电子转移。

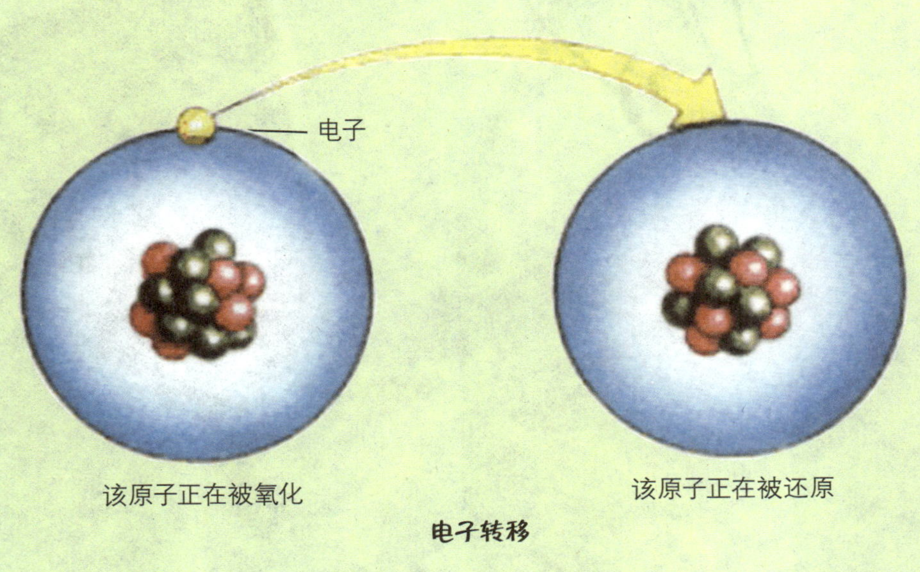

电子转移

• 化合物

化合物是由两种或两种以上的元素组成的纯净物。化合物必须是两种或两种以上元素组成的纯净物。化合物具有一定的特性，通常还具有一定的组成。化合物主要分为有机化合物、无机化合物、高分子化合物、离子化合物和共价化合物等等。

• 摩尔

旧称克分子、克原子，是国际单位制7个基本单位之一，表示物质的量，符号为 mol。每 1 摩尔任何物质含有阿伏加德罗常数（约 6.02×10^{23}）个微粒。使用摩尔时基本微粒应予指明，可以是原子、分子、离子及其他粒子，或这些粒子的特定组合体。

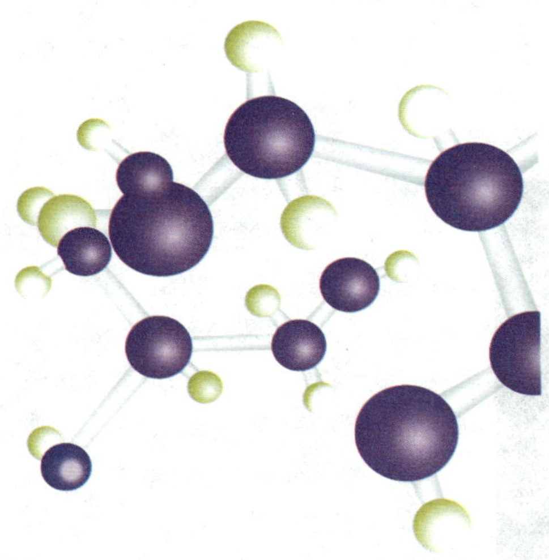

• 化学键

化学键（chemical bond）是指分子内或晶体内相邻两个或多个原子（或离子）间强烈的相互作用力的统称。通常定义为：使离子相结合或原子相结合的作用力通称为化学键。

• 化学反应

在化学反应中，分子破裂成原子，原子重新排列组合生成新物质的过程，称为化学反应。在反应中常伴有发光、发热、变色、生成沉淀物等，判断一个反应是否为化学反应的依据是反应是否生成新的物质。

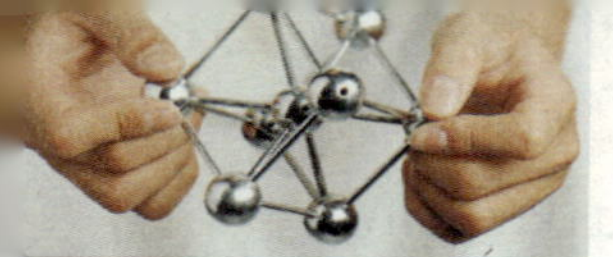

戴维发现笑气

英国化学家戴维，1778 年出生于彭赞斯。他父亲过早去世，母亲无法养活 5 个孩子，于是卖掉田产，开起女帽制作店来。但他们的日子还是越过越苦。戴维从小就勇于探索，他的兴趣很广泛。他在学校最喜欢的是化学，常常自己做实验。

17 岁的时候，戴维到博莱斯先生的药房当了学徒，既学医学，也学化学，除读书外，他还做些较难的化学实验，为此，人们送他一个“小化学家”的称号。

一天，一个叫贝多斯的物理学家登门拜访了这位“小化学家”，并邀请他到条件更好的气体研究所去工作。戴维欣然受聘，来到贝多斯的研究所。该所想通过研究各种气体对人体的作用，弄清哪些气体对人有益，哪些气体对人有害。

戴维接受的第一项任务是配制氧化亚氮气体。戴维不负重望，很快就制出这种气体。当时，有人说这种气体对人有害，而有的人又说无害，各持己见，莫衷一是。制得的大量气体，只好装在玻璃瓶中备用。

1799 年 4 月的一天，贝多斯来到戴维的实验室，见已制出许多氧化亚氮，高兴地说：“啊，不错，您的工作令人十分满意……”贝多斯夸奖戴维的话还未说完，他一转身，不小心把一个玻璃瓶子碰到地上打碎了。

戴维慌忙过来一看，打碎的正是装氧化亚氮的瓶子，忙问：“手不要紧吧？”

“没事。真对不起，我把您的劳动成果浪费了。”贝多斯边说边捡碎玻璃。

“没啥，我正要做试验呢，想看看这种气体对人究竟会有什么影响，这样一来还省得我开瓶塞……”戴维的话还未说完，被贝多斯反常的表情弄得惊慌失措。

“哈哈哈……”一向沉着、孤僻、严肃得几乎整天板着面孔的贝多斯突

戴维

然大笑起来，“戴维，哈哈哈……我的手一点儿都不疼，哈哈哈……”“哈哈哈……”刚才还处于惊慌的戴维也骤然大笑，“真的不疼？哈哈哈……”

两位科学家的笑声，惊动了隔壁实验室的人。他们跑来一看，都以为他俩得了神经病。等一阵狂笑之后，两人逐渐清醒。贝多斯被玻璃划破的手指感到疼痛，原来氧化亚氮不仅使他俩狂笑，而且使贝多斯麻醉不知手痛。

事隔不久，戴维患了牙病，便请来牙科医生德恩梯斯·舍派特。医生决定把他的坏牙拔掉。当时根本没有什么麻醉药，医生硬把牙齿给拔了下来，疼得戴维浑身冒汗。这时，他猛然想起前不久发生的事——贝多斯手划破了，可闻了那氧化亚氮后却一点也没感觉疼。于是，他赶忙拿过装有氧化亚氮的瓶子连吸几口，结果，他又哈哈大笑起来，同时也感觉不到牙痛了。

经过进一步研究，戴维证实氧化亚氮不仅能使人狂笑，而且还有一定的麻醉作用。戴维就为这种气取了个形象的名字——笑气。

戴维将关于笑气的研究成果写进《化学和哲学研究》一书，立即轰动了整个欧洲。外科医生们纷纷用笑气做麻醉药，使本来满是刺耳的喊叫声的手术室，弥漫着一片笑声，病人的痛苦也轻多了。

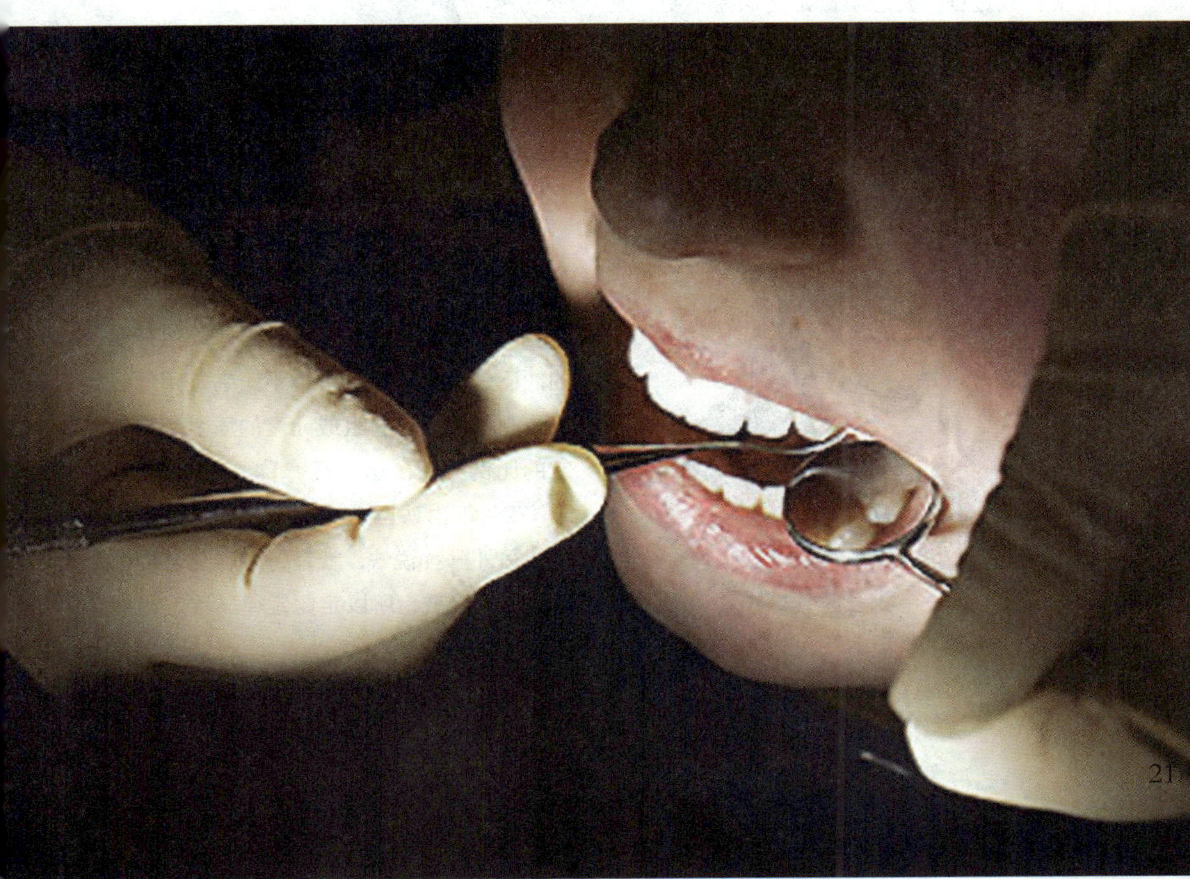

基本原理 >

• 质量守恒定律

在化学反应中，参加反应前各物质的质量总和等于反应后生成各物质的质量总和。这个规律就叫做质量守恒定律。它是自然界普遍存在的基本定律之一。在任何与周围隔绝的体系中，不论发生何种变化或过程，其总质量始终保持不变。或者说，任何变化包括化学反应和核反应都不能消除物质，只是改变了物质的原有形态或结构，所以该定律又称物质不灭定律。

普鲁斯特

• 定比定律

即每一种化合物，不论它是天然存在的，还是人工合成的，也不论它是用什么方法制备的，它的组成元素的质量都有一定的比例关系，这一规律称为定比定律。于1799年由法国化学家普鲁斯特提出。换成另外一种说法，就是每一种化合物都有一定的组成，所以定比定律又称定组成定律。

• 倍比定律

当甲、乙两种元素相互化合，能生成几种不同的化合物时，则在这些化合物中，与一定量甲元素相化合的乙元素的质量必互成简单的整数比，这一结论称为倍比定律，由英国化学家道尔顿于 1803 年发现。

例如铜和氧可以生成氧化铜和氧化亚铜两种化合物。在氧化铜中，含铜 80%，含氧 20%，铜与氧的质量比为 4∶1。在氧化亚铜中，含铜 88.9%，含氧 11.1%，铜与氧的质量比为 8∶1。由此可见，在这两种铜的氧化物中，与等量氧化合的铜的质量比为 1∶2，是一个简单的整数比。

约翰•道尔顿

• 化合量定律

每种化合物中的各元素的化合量之间的比例都可用一个确定的数或这个数的整倍数表示。每种化合物都是由几种元素按一定质量比例化合而成的。

• 阿伏加德罗定律

同温同压下，相同体积的任何气体含有相同的分子数，称为阿伏加德罗定律。气体的体积是指所含分子占据的空间，通常条件下，气体分子间的平均距离约为分子直径的 10 倍，气体的体积主要决定于分子间的平均距离而不是分子本身的大小。

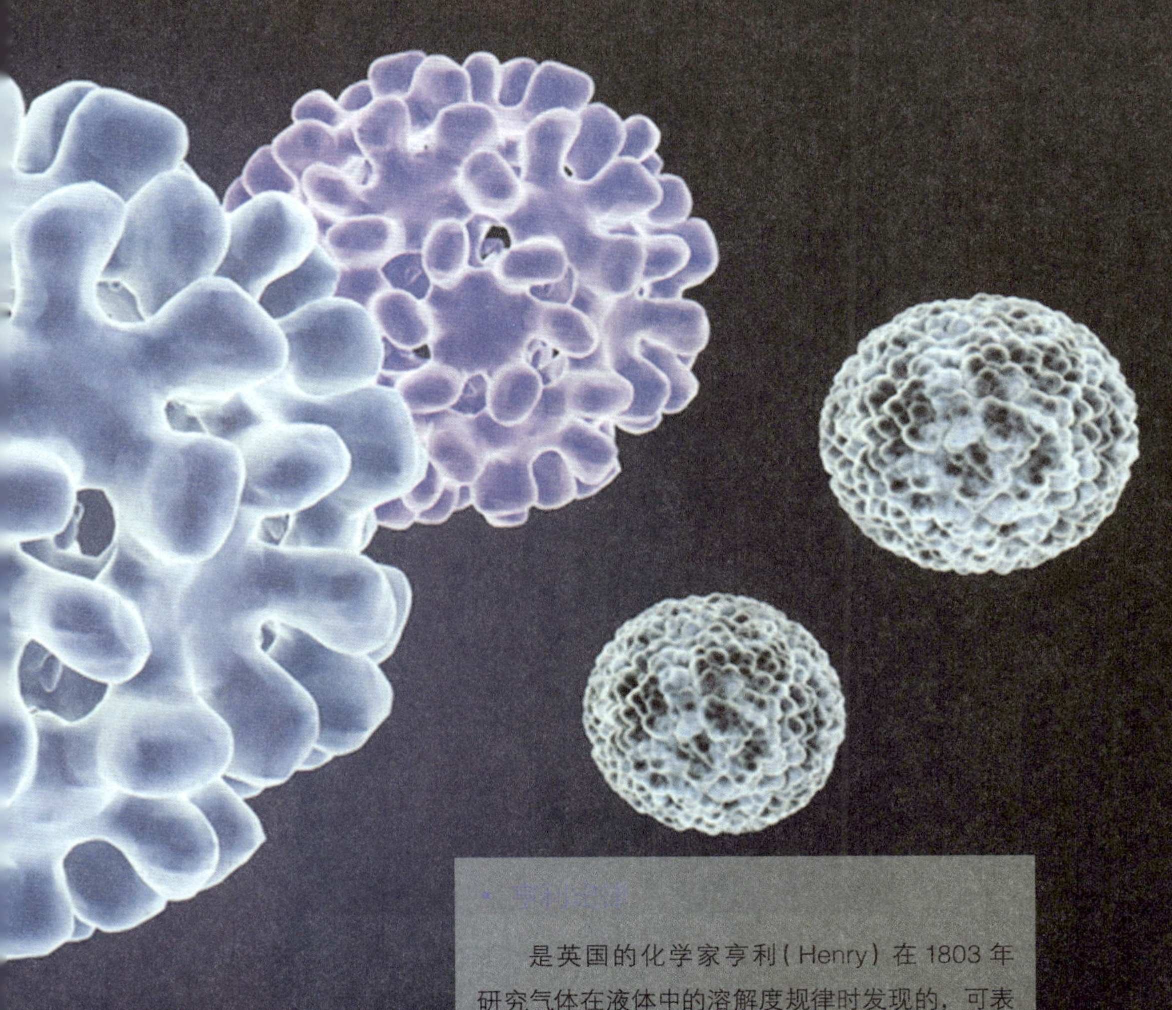

• 亨利定律

是英国的化学家亨利（Henry）在 1803 年研究气体在液体中的溶解度规律时发现的，可表述为："在等温等压下，某种气体在溶液中的溶解度与液面上该气体的平衡压力成正比。"这一定律对于稀溶液中挥发性溶质也同样有用。

元素周期表 >

• 元素周期表简介

现代化学的元素周期律是1869年俄国科学家门捷列夫（Dmitri Mendeleev）首创的，他将当时已知的63种元素根据原子量大小以表的形式排列，把有相似化学性质的元素放在同一行，这就是元素周期表的雏形。利用周期表，门捷列夫成功地预测当时尚未发现的元素的特性（镓、钪、锗）。1913年英国科学家莫色勒利用阴极射线撞击金属产生X射线，发现原子序数越大，X射线的频率就越高，因此他认为核的正电荷决定了元素的化学性质，并把元素依照核内正电荷（即质子数或原子序数）排列。后来又经过多名科学家多年的修订才形成当代的周期表。元素周期表中共有118种元素。将元素按照相对原子质量由小到大依次排列，并将化学性质相似的元素放在一个纵列。每一种元素都有一个编号，大小恰好等于该元素原子的核内质子数，这个编号称为原子序数。在周期表中，元素是以元素的原子序数排列，最小的排行最先。表中一横行称为一个周期，一列称为一个族。原子的核外电子排布和性质有明显的规律性，科学家们是按原子序数递增排列，将电子层数相同的元素放在同一行，将最外层电子数相同的元素放在同一列。元素周期表有7个周期，16个族。每一个横行叫做一个周期，每一个纵行叫做一个族。这7个周期又可分成短周期（1、2、3）、长周期（4、5、6）和不完全周期（7）。共有16个族，又分为7个主族（ⅠA~ⅦA），

门捷列夫

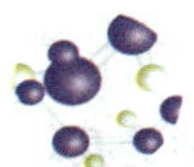

7个副族（ⅠB~ⅦB），一个第Ⅷ族，一个零族。元素在周期表中的位置不仅反映了元素的原子结构，也显示了元素性质的递变规律和元素之间的内在联系。元素周期表使其构成了一个完整的体系，成为化学发展的重要里程碑之一。同一周期内，从左到右，元素核外电子层数相同，最外层电子数依次递增，原子半径递减（零族元素除外）。失电子能力逐渐减弱，获电子能力逐渐增强，金属性逐渐减弱，非金属性逐渐增强。元素的最高正氧化数从左到右递增（没有正价的除外），最低负氧化数从左到右递增（第一周期除外，第二周期的O、F元素除外）。同一族中，由上而下，最外层电子数相同，核外电子层数逐渐增多，原子序数递增，元素金属性递增，非金属性递减。元素周期表的意义重大，科学家正是用此来寻找新型元素及化合物。

• 发展史

◆诞生：1869年，俄国化学家门捷列夫编制出第一张元素周期表。

◆依据：按照相对原子质量由小到大排列，将化学性质相似的元素放在同一纵行。

◆意义：揭示了化学元素之间的内在联系，成为化学发展史上的重要里程碑之一。

◆发展：随着科学的发展，元素周期表中未知元素留下的空位先后被填满。

◆成熟：当原子结构的奥秘被发现时，编排依据由相对原子质量改为原子的核电荷数，形成现在的元素周期表。

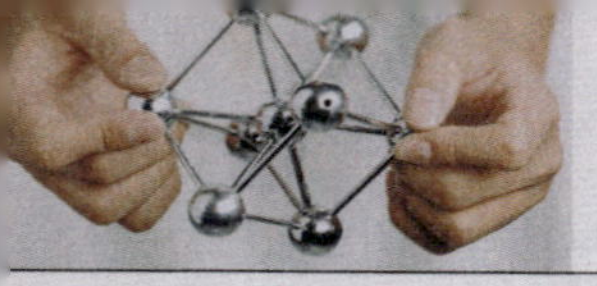

1 氢 H 1.0079								
3 锂 Li 6.941	4 铍 Be 9.012							
11 钠 Na 22.989	12 镁 Mg 24.305							
19 钾 K 39.098	20 钙 Ca 40.05	21 钪 Sc 44.956	22 钛 Ti 47.9	23 钒 V 50.9415	24 铬 Cr 51.996	25 锰 Mn 54.938	26 铁 Fe 55.84	2 58
37 铷 Rb 85.467	38 锶 Sr 87.62	39 钇 Y 88.906	40 锆 Zr 91.22	41 铌 Nb 92.9064	42 钼 Mo 95.94	43 锝 Tc 99	44 钌 Ru 101.07	4 10.
55 铯 Cs 132.905	56 钡 Ba 137.33	71 镥 Lu 174.96	72 铪 Hf 178.4	73 钽 Ta 180.947	74 钨 W 183.8	75 铼 Re 186.207	76 锇 Os 190.2	7 1
87 钫 Fr (223)	88 镭 Ra 226.03	103 铹 Lr 260	104 𬬻 Rf (261)	105 𬭊 Db (262)	106 𬭳 Sg (263)	107 𬭛 Bh (262)	108 𬭶 Hs (265)	10 (

碱金属	碱土金属	镧系元素	铜
主族金属	类金属	非金属	

气体 液体 固体 合成元素 未

镧系	57 镧 La 138.905	58 铈 Ce 140.12	59 镨 Pr 140.91	60 钕 Nd 144.2	61 钷 Pm 147	62 钐 Sm 150.4	63 铕 Eu 151.6
锕系	89 锕 Ac 227.03	90 钍 Th 232.04	91 镤 Pa 231.04	92 铀 U 238.03	93 镎 Np 237.05	94 钚 Pu 244	95 镅 Am 243

过渡金属
惰性气体

								2 氦 He 4.0026
			5 硼 B 10.811	6 碳 C 12.011	7 氮 N 14.004	8 氧 O 15.999	9 氟 F 18.998	10 氖 Ne 20.17
			13 铝 Al 26.982	14 硅 Si 28.085	15 磷 P 30.974	16 硫 S 32.060	17 氯 Cl 35.453	18 氩 Ar 39.94
8 镍 Ni 8.69	29 铜 Cu 63.54	30 锌 Zn 65.38	31 镓 Ga 69.72	32 锗 Ge 72.5	33 砷 As 74.922	34 硒 Se 78.9	35 溴 Br 79.904	36 氪 Kr 83.8
6 钯 Pd 03.42	47 银 Ag 107.868	48 镉 Cd 112.41	49 铟 In 114.82	50 锡 Sn 118.6	51 锑 Sb 121.7	52 碲 Te 127.6	53 碘 I 126.905	54 氙 Xe 131.3
8 铂 Pt 95.08	79 金 Au 196.967	80 汞 Hg 200.5	81 铊 Ti 204.3	82 铅 Pb 207.2	83 铋 Bi 208.98	84 钋 Po （209）	85 砹 At （201）	86 氡 Rn （222）
10 𫟼 Ds 269）	111 轮 Rg （272）	112 Uub （277）	113 Uut 284	114 Uuq 289	115 Uup 288	116 Uuh 292	117 Uus unknow	118 Uuo 294

钆 Gd .25	65 铽 Tb 158.93	66 镝 Dy 162.5	67 钬 Ho 164.63	68 铒 Er 167.2	69 铥 Tm 168.934	70 镱 Yb 173.0	71 镥 Lu 174.96
锔 Cm 47	97 锫 Bk 247	98 锎 Cf 251	99 锿 Es 254	100 镄 Fm 257	101 钔 Md 258	102 锘 No 259	103 铹 Lr 260

• 递变规律

1. 原子半径

（1）除第 1 周期外，其他周期元素（惰性气体元素除外）的原子半径随原子序数的递增而减小。

（2）同一族的元素从上到下，随电子层数增多，原子半径增大。

2. 元素化合价

（1）除第 1 周期外，同周期从左到右，元素最高正价由碱金属 +1 递增到 +7，非金属元素负价由碳族 −4 递增到 −1（氟无正价，氧无 +6 价，除外）。

（2）同一主族的元素的最高正价、负价均相同。

3. 单质的熔点

（1）同一周期元素随原子序数的递增，元素组成的金属单质的熔点递增，非金属单质的熔点递减。

（2）同一族元素从上到下，元素组成的金属单质的熔点递减，非金属单质的熔点递增。

4. 元素的金属性与非金属性

（1）同一周期的元素从左到右金属性递减，非金属性递增。

（2）同一主族元素从上到下金属性递增，非金属性递减。

5. 最高价氧化物和水化物的酸碱性

元素的金属性越强，其最高价氧化物的水化物的碱性越强；元素的非金属性越强，最高价氧化物的水化物的酸性越强。

6. 非金属气态氢化物

元素非金属性越强，气态氢化物越稳定。同周期非金属元素的非金属性越强，其气态氢化物水溶液一般酸性越强；同主族非金属元素的非金属性越强，其气态氢化物水溶液的酸性越弱。

7. 单质的氧化性、还原性

一般元素的金属性越强，其单质的还原性越强，其氧化物的氧离子氧化性越弱；元素的非金属性越强，其单质的氧化性越强，其简单阴离子的还原性越弱。

• 门捷列夫与元素周期表

19 世纪中期，俄国化学家门捷列夫发现了化学元素周期律。

门捷列夫出生于 1834 年，他出生不久，父亲就因双目失明出外就医，失去了得以维持家人生活的教员职位。门捷列夫 14 岁那年，父亲逝世，接着火灾又吞啮了他家中的所有财产，真是祸不单行。1850 年，家境贫困的门捷列夫借着微薄的助学金开始了他的大学生活，后来成了彼得堡大学的教授。

幸运的是，门捷列夫生活在化学界探索元素规律的时期。当时，各国化学家都在探索已知的几十种元素的内在联系规律。

1865 年，英国化学家纽兰兹把当时已知的元素按原子量大小的顺序进行排列，发现无论从哪一个元素算起，每到第八个元素就和第一个元素的性质相近。这很像音乐上的八度音循环，因此，他干脆把元素的这种周期性叫做“八音律”，并据此画出了标示元素关系的“八音律”表。

显然，纽兰兹已经下意识地摸到了“真理女神”的裙角，差点就揭示元素周期律了。不过，条件限制了他做进一步的探索，因为当时原子量的测定值有错误，而且他也没有考虑到还有尚未发现的元素，只是机械地按当时的原子量大小将元素排列起来，所以他没能揭示出元素之间的内在规律。

可见，任何科学真理的发现，都不会是一帆风顺的，都会受到阻力，有些阻力甚至是人为的。当年，纽兰兹的“八音律”在英国化学学会上受到了嘲弄，主持人以不无讥讽的口吻问道：“你为什么不按元素的字母顺序排列？”

门捷列夫他以惊人的洞察力投入了艰苦的探索。直到 1869 年，他将当时已知元素的主要性质和原子量，写在一张张小卡片上，进行反复排列比较，才最后发现了元素周期规律，并依此制定了元素周期表。

门捷列夫的元素周期律宣称：把元素按原子量的大小排列起来，在物质上会出现明显的周期性；原子量的大小决定元素的性质；可根据元素周期律修正已知元素的原子量。

门捷列夫元素周期表被后来一个个发现新元素的实验证实，反过来，元素周期表又指导化学家们有计划、有目的地寻找新的化学元素。至此，人们对元素的认识跨过漫长的探索历程，终于进入了自由王国。

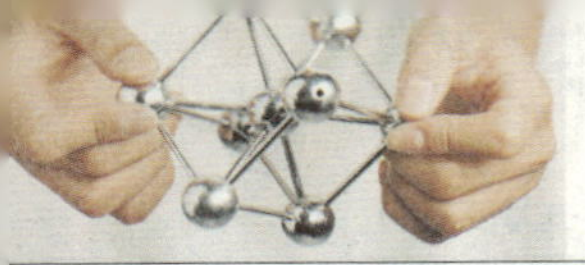

门捷列夫，这位化学巨人的元素周期表奠定了现代化学和物理学的理论基础。

在他死后，人们格外怀念这位身材魁伟，留着长发，有着一双碧蓝的眼睛、挺直的鼻子、宽广的前额的化学家。他生前总是穿着自己设计的似乎有点古怪的衣服。上衣的口袋特别大，据说那是便于放下厚厚的笔记本——他一想到什么，总是习惯性地立即从衣袋里掏出笔记本，把它顺手记下来。

门捷列夫生活上总是以简朴为乐。即使是沙皇想接见他，他也事先声明——平时穿什么，接见时就穿什么。对于衣服的式样，他毫不在乎地说："我的心思在周期表上，不在衣服上。"他的头发式样也很随便。那时，男人们流行戴假发，对此，门捷列夫总是摇着头说："我喜欢我的真头发。"

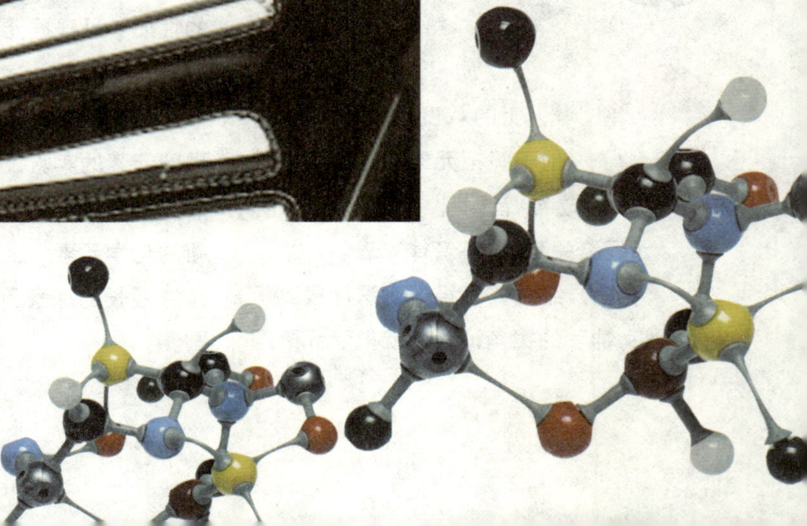

• 元素化合价

一价氢氯钾钠银，二价氧钙钡镁锌，
三铝四硅五价磷，二三铁，二四碳，
一至五价都有氮，铜汞二价最常见。

正一铜氢钾钠银，正二铜镁钙钡锌，
三铝四硅四六硫，二四五氮三五磷，
一五七氯二三铁，二四六七锰为正，
碳有正四与正二，再把负价牢记心，
负一溴碘与氟氯，负二氧硫三氮磷。

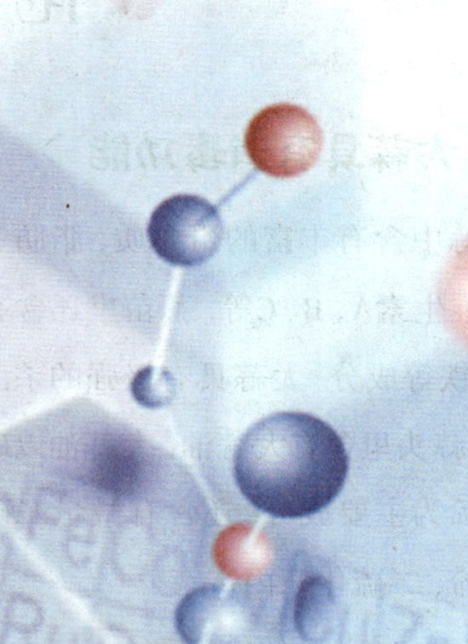

化学之最

1. 地壳中含量最多的金属元素是铝。
2. 地壳中含量最多的非金属元素是氧。
3. 空气中含量最多的物质是氮气。
4. 天然存在最硬的物质是金刚石。
5. 最简单的有机物是甲烷。
6. 金属活动顺序表中活动性最强的金属是钾。
7. 相对分子质量最小的氧化物是水。
8. 相同条件下密度最小的气体是氢气。
9. 导电性最强的金属是银。
10. 相对原子质量最小的原子是氢。
11. 熔点最低的金属是汞。
12. 人体中含量最多的元素是氧。
13. 组成化合物种类最多的元素是碳。
14. 日常生活中应用最广泛的金属是铁。

化学与饮食

为什么大蒜具有消毒功能 >

大蒜中含有丰富的蛋白质、脂肪、糖类及维生素A、B、C等，蒜苗里还含有钙、磷、铁等成分。大蒜具有极强的杀菌力，因为蒜头里含有大蒜油，大蒜油以硫化二丙烯为主要成分，还含有微量二硫化二丙烯、二硫化三丙烯。

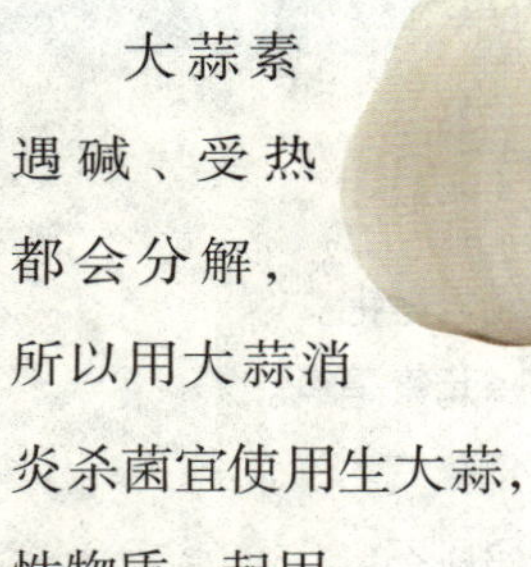

大蒜素遇碱、受热都会分解，所以用大蒜消炎杀菌宜使用生大蒜，不能与碱性物质一起用。

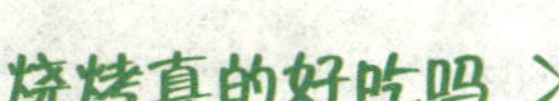

吃过大蒜嘴里产生蒜臭，可将少许茶叶放在嘴里细嚼，或在口中含一块糖，蒜臭就可减少。

烧烤真的好吃吗 >

冬季是烧烤的黄金季节，一些制作、贩卖羊肉串等烧烤食物的摊点生意十分火爆，但食品专家列数了烧烤食品几大“罪状”。首先，烧烤食物最好少吃，尤其是儿童更要少吃。因为烧烤食物中，除了含有致癌物质外，还会受到寄生虫等的威胁，甚至引起视力下降。据近年美国一项权威研究结果显示，食用过多烧煮、熏烤过的肉食，如烤羊肉串、烤鱼串等，严重影响青少年的视力。

食品专家介绍说，烤制羊肉串等肉食的过程中，会产生一种叫做“苯并芘”的致癌物质，除了木炭、煤火等燃烧会直接产生这种物质而污染食品外，烧烤过程中，肉中的脂肪滴在火上，也会产生苯并芘并吸附在肉的表面。人如果经常食用被苯并芘污染的烧烤食品，致癌物质会在体内蓄积，有诱发胃癌、肠癌的危险。同时，烧烤食物中还存在另一种致癌物质——亚硝胺。亚硝胺的产生源于肉串烤制前的腌制环节，如果腌制时间过长，就容易产生亚硝胺。特别是街边不卫生的个体烤肉摊点，为了使劣质肉吃起来口感细嫩，往往会过量添加“嫩肉粉”，如果过多食用这种用嫩肉粉腌制的肉串，就容易引起亚硝酸盐中毒。

此外，一些小贩售卖的羊肉串的肉往往未经检疫，甚至含有短时间内难以杀死的寄生虫；使用的串条也通常是废铁扦，不但不卫生，还含有铅等有害重金属，危害人体健康。

食品专家同时奉劝消费者，吃烧烤肉食，应尽量选择室内操作、干净卫生的经营点，并且一定要烤熟。

为什么牛奶可以促进睡眠

因牛奶中含有一种能使人产生疲倦欲睡的生化物L色氨酸，还有微量吗啡类物质，这些物质都有一定的镇静催眠作用，特别是L色氨酸是大脑合成5-羟色胺的主要原料，5-羟色胺对大脑睡眠起着关键的作用，它能使大脑思维活动暂时受到抑制，从而使人想睡眠，并且无任何副作用，而且牛奶粘在胃壁上吸收也好，牛奶中的钙还能清除紧张情绪，所以它对老年人的睡眠更有益，故晚上喝牛奶好，有利于人们的休息和睡眠。

睡前喝牛奶有利于人体对钙的吸收利用。晚餐摄入的钙，睡前大部分被人体吸收利用。睡后特别是晚上零点以后血液中钙的水平会逐渐降低，血钙的下降，促进了甲状旁腺分泌亢进，激素作用于骨组织，使骨组织中的一部分钙盐溶解入血液中，以维持血钙的稳定平衡。此种溶解作用是人体的自我调节功能，时间长了，会成为骨质疏松症的原因之一。睡前喝牛奶，牛奶中的钙可缓慢地被血液吸收，整个晚上血钙都得到了补充、维持平衡，不必再溶解骨中的钙，防止了骨流失、骨质疏松症。

青少年应该补什么 >

多进食一些含有胆碱的食物。人脑中含有大量乙酰胆碱，记忆力减退的人大脑中乙酰胆碱的含量明显减少，老年人更是如此。补充乙酰胆碱是改善记忆力的有效方法之一。鱼、瘦肉、鸡蛋（特别是蛋黄）等都含有丰富的胆碱。

补充卵磷脂。卵磷脂能增强脑部活力，延缓脑细胞老化，并且有护肝、降血脂、预防脑中风等作用。蛋黄、豆制品等含有丰富的卵磷脂，不妨适量进食。

多食碱性和富含维生素的食物。碱性食物对改善大脑功能有一定作用。豆腐、豌豆、油菜、芹菜、莲藕、牛奶、白菜、卷心菜、萝卜、土豆、葡萄等属碱性食物。新鲜蔬菜、水果，如青椒、金针菜（黄花茶）、荠菜、草莓、金橘、猕猴桃等，都含有丰富的维生素。

补充含镁食品。镁能使核糖核酸进入脑内，而核糖核酸是维护大脑记忆的主要物质。豆类、荞麦、坚果类、麦芽等含有丰富的镁。

有条件的话，可适当进食人参、枸杞、胡桃、桂圆、鳝鱼等补益食品。胡桃仁是补肾固精、滋养强壮食品。它含有人体所需的多种维生素和微量元素，对人的大脑神经有益，是神经衰弱健忘之人的辅助治疗剂。凡健忘者，可坚持每天早晚吃1~2个胡桃，也可经常用胡桃仁30克，同大米煮粥服食。

脂肪中含有磷脂和胆固醇。磷脂有

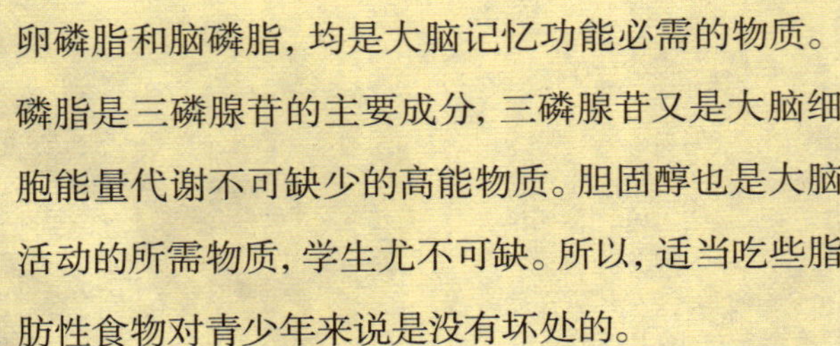

卵磷脂和脑磷脂，均是大脑记忆功能必需的物质。磷脂是三磷腺苷的主要成分，三磷腺苷又是大脑细胞能量代谢不可缺少的高能物质。胆固醇也是大脑活动的所需物质，学生尤不可缺。所以，适当吃些脂肪性食物对青少年来说是没有坏处的。

菜锅里的化学知识 >

人天天要吃饭，顿顿要炒菜，但不知你曾想过没有，菜锅虽小，其中包含的化学知识可不少！

食物中的蛋白质、脂肪、淀粉等都是不容易溶解于水的，通过烧煮以后，吸收了水分，受热膨胀，然后与水反应：淀粉分解成许多的小分子——糖类；脂肪发生部分水解，生成酸和醇；蛋白质生成各种具有鲜美味道的氨基酸。这样，不仅使食物变得易于被人体消化和吸收，而且还使食物增加了鲜美味道。

各种维生素都怕热、怕氧气，烹调时间过长，温度过高，容易被破坏。因此，煎炒多用急火，快炒、快出锅。煎炒鱼肉时，切忌将鱼肉烧焦，不然，蛋白质中的色氨酸就会转变成有毒的物质，引起食物中毒。维生素A和它的前身胡萝卜素，以及维生素D等，是一些脂溶性物质，只有溶解在油脂中，才能被小肠黏膜吸收，因此，炒胡萝卜要多加些油，最好和肉一起炒。

烧煮食物时，加盐、酱油等调味品的时间也得注意。加盐过早，盐会使豆类或肉里的蛋白质发生凝聚、变硬，水难以渗透进去，豆类或肉不易煮烂，不利于人体

消化和吸收。

在炒菜时放点醋，不但能调味，而且可保持维生素C不被破坏。煮鱼时放点醋，可使鱼肉嫩骨酥。因为醋能同鱼骨（主要成分是碳酸钙）发生作用，生成易溶于水的醋酸钙。如同时再加点酒（乙醇），酸与醇相互反应生成具有芳香气味的乙酸乙酯，使鱼肉格外鲜美可口。酒、醋还可以除去造成鱼腥的三甲胺。有的人为了使食物容易煮烂，喜欢随意加一点碱，这是不好的，因为维生素遇到碱就会被破坏。

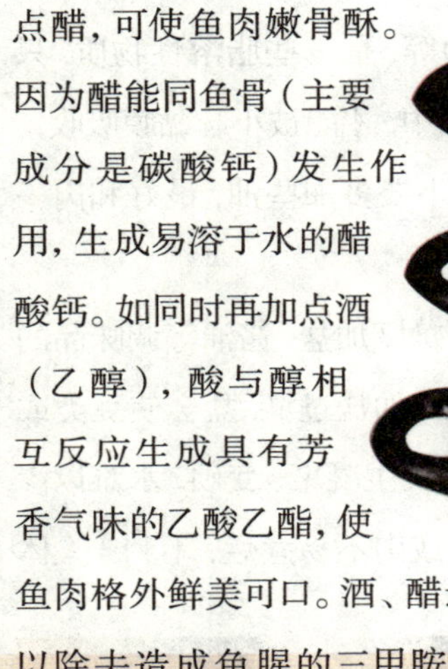

世界十大垃圾食品

油条、烧饼一直是中国人的家常早点，现在汽水、果汁等取代了白开水成为中小学生每天的主要饮料，汉堡、薯条作为时尚快餐为青少年所钟爱。其实，人们在饮食上不断求精、求新、求洋的同时，“垃圾”食品也正悄然来到你的餐桌。

通常把仅仅提供一些热量、没有别的营养素的食物，或是营养成分超出人体需求量并最终在人体内变成多余成分的食品称为垃圾食品。即使是垃圾食品也并非不能吃，关键是要懂得平衡自己的营养与热量，懂得均衡调配饮食，就可以减轻或避免垃圾食品对你的危害。要多吃蔬菜、水果、豆类、奶类等健康的、卫生的食品，要保证饮食多样化。世界卫生组织公布了全球十大垃圾食品及其危害。

一、油炸类食品。主要危害：1. 油炸淀粉导致心血管疾病；2. 含致癌物质；3. 破坏维生素，使蛋白质变性。

二、腌制类食品。主要危害：1. 导致高血压，肾负担过重，导致鼻咽癌；2. 影响黏膜系统（对肠胃有害）；3. 易得溃疡和发炎。

三、加工类肉食品（肉干、肉松、香肠等）。主要危害：1. 含三大致癌物质之一的亚硝酸盐（防腐和显色作用）；2. 含大量防腐剂，加重肝脏负担。

四、饼干类食品（不含低温烘烤和全麦饼干）。主要危害：1. 食用香精和色素过多对肝脏功能造成负担；2. 严重破坏维生素；3. 热量过多，营养成分低。

五、汽水、可乐类食品。主要危害：1. 含磷酸、碳酸，会带走体内大量的钙；2. 含糖量过高，喝后有饱胀感，影响正餐。

六、方便食品(主要指方便面和膨化食品)。主要危害:1. 盐分过高，含防腐剂、香精，对肝脏有损伤;2. 只有热量，没有营养。

七、罐头类食品(包括鱼肉类和水果类)。主要危害:1. 破坏维生素，使蛋白质变性;2. 热量过多，营养成分低。

八、话梅蜜饯类食品(果脯)。主要危害:1. 含三大致癌物质之一的亚硝酸盐;2. 盐分过高，含防腐剂、香精，对肝脏有损伤。

九、冷冻甜品类食品(冰淇淋、冰棒和各种雪糕)。主要危害:1. 含奶油极易引起肥胖;2. 含糖量过高影响正餐。

十、烧烤类食品。主要危害:1. 含大量"3,4 苯并芘"(三大致癌物质之首);2.1 只烤鸡腿= 60 支烟的毒性;3. 导致蛋白质碳化变性，加重肾脏、肝脏负担。

化学与健康

疲倦从何而来 >

人为什么会疲倦？心理作用是产生疲倦的原因之一。剧烈运动以后，情绪松弛下来，疲倦的感觉会立即出现。但是从化学的角度来看，疲倦与碳水化合物的代谢有密切关系。

人体里的细胞为了完成肌肉的收缩、神经冲动的传递等任务，需要高能量的化合物，如三磷腺苷（ATP）。这种高能量化合物的水解，是一种大量放热的反应。而在运动时，肌肉纤维收缩，加速细胞里的吸热反应。如果人体肌肉里所储存的ATP很快消耗掉，又来不及补充，人就感到疲倦。

再者，在剧烈运动时，血液对肌肉所需要的氧气会供应不足，那么，肌肉细胞就必须调动葡萄糖的分解来产生能量。可是，葡萄糖分解的同时会形成乳酸，而乳酸会妨碍肌肉的运动，引起肌肉的疲劳。乳酸的积累会造成轻度的酸中毒，引起恶心、头痛等，增加疲倦的感觉。

肝脏对保持体力有重要作用。当人体内葡萄糖分解后，血液中的葡萄糖减少，肝脏里糖原发生分解，释放出葡萄糖，使血液保持一定的含糖量。同时，肝脏里一部分乳酸被氧化，产生二氧化碳排出体外，其余的转化为糖原。所以，在紧张运动后做深呼吸，增加供氧，促使乳酸氧化，可以减少疲倦。

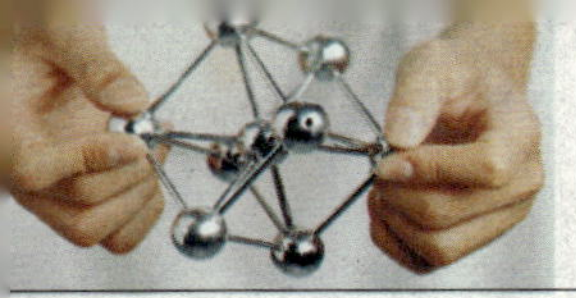

看看厨房里的锅

厨房里有各种各样的锅：煮饭锅、炒菜锅、蒸锅、高压锅、奶锅、平锅……不过，从制造的原料来看，一般只有铁锅和铝锅这两种。

过去，人们还使用过铜锅。人类发现和使用铜比铁早得多，首先用铜来做锅，那是很自然的。在出现了铁锅以后，有的人还是喜欢用铜锅。铜有光泽，看起来很美观。在金属里，铜的传热能力仅次于银，排在第二位，这一点胜过了铁。用铜做炊具，最大的缺点是它容易产生有毒的锈，这就是人们说的铜绿。另外，使用铜锅，会破坏食物中的维生素C 。

随着工业的发展，人们发现用铜来做锅实在是委屈了它。铜的产量不多，价格昂贵，用来做电线、造电机或制造枪炮子弹，更能发挥它的特点。于是，铁锅取代了铜锅。

在农村，炉灶上安的大锅是生铁铸成的。生铁又硬又脆，轻轻敲不会瘪，使劲敲就要碎了。熟铁可以做炒菜锅和铁勺。熟铁软而有韧性，磕碰不碎。生铁和熟铁的区别，主要是含碳量不同。生铁含碳量超过1.7%，熟铁含碳量在0.2%以下。铁锅的价格便宜。30多年前，在厨房里的锅，几乎全是铁锅。铁锅也有它的缺点，比较笨重，还容易生锈。铁生锈，好像长了疮疤，一片一片地脱落下来。铁的传热本领也不太强，不但比不上铜，也比不上铝。

现在厨房里的用具很多都是铝或铝合金的制品，锅、壶、铲、勺几乎全是铝质的。但是，在一个世纪以前，铝的价格比黄金还高，被称为“银白色的金子”。

法国皇帝拿破仑三世珍藏着一套铝做的餐具，逢到盛大的国宴才拿出来炫耀一番。发现元素周期律的俄国化学家门捷列夫，曾经接受过英国皇家学会的崇高奖赏—— 一只铝杯。这些故事现在听起来，不免引人发笑。今天，铝是很便宜的金属。和铁相比，铝的传热本领强，又轻盈又美观。因此，铝是理想的制作炊具的材料。

有人以为铝不生锈。其实，铝是活泼的金属，它很容易和空气里的氧化合，生成一层透明的、薄薄的铝锈——三氧化二铝。不过，这层铝锈和疏松的铁锈不同，十分致密，好像皮肤一样保护内部不再被锈蚀。可是，这层铝锈薄膜既怕酸，又怕碱。所以，在铝锅里存放菜肴的时间不宜过长，不要用来盛放醋、酸梅汤、碱水和盐水等。表面粗糙的铝制品，大多是生铝。生铝是不纯净的铝，它和生铁一样，使劲一敲就碎。常见的铝制品又轻又薄，这是熟铝。铝合金是在纯铝里掺进少量的镁、锰、铜等金属冶炼而成的，抗腐蚀本领和硬度都得到很大的提高。用铝合金制造的高压锅、水壶，已经广泛在市场上出售。近年来，商店里又出现了电化铝制品。这是铝经过电极氧化，加厚了表面的铝锈层，同时形成疏松多孔的附着层，可以牢牢地吸附住染料。因此，这种铝制的饭盒、饭锅、水壶等，表面可以染上鲜艳的色彩，使铝制品更加美观，惹人喜爱。

铝锅也有它的坏处，吃多了铝，容易得老年痴呆。不过此洗法最近又有争议。

有一句老话，隔夜酒会死人。在有些农村里还很流行用铅壶装酒，大家千万要注意。如果吃了以后会肚子疼，去医院医生很可能看不出你的病因，其实这就是所谓的“铅中毒”。

越王剑为什么不生锈

1965年，湖北省博物馆在江陵发掘楚墓时，发现了两把寒光闪闪、非常珍贵的宝剑，金黄色的剑身上，还有漂亮的黑色菱形格子花纹，其中一把剑上铸有“越王勾践自作用剑”8个字，这就是极其有名的越王勾践剑。这两把宝剑在地下埋藏了足足有2000多年，出土时竟仍然光彩夺目，锋利无比，并无丝毫锈蚀。难怪1973年该剑在国外展出时，不少参观者都惊叹不已。

为了揭开这把宝剑的不锈之谜，就必须分析宝剑的化学组成，特别是宝剑表层的化学成分。不过，为了不损坏这些宝贵的文物，不能采用一般的化学分析法。考古工作者采用了多种现代仪器设备，对宝剑的组成进行了物理检测。根据检测分析，发现这些宝剑的成分是青铜，也就是铜锡合金。锡是一种抗锈能力很强的金属，因此青铜的抗蚀防锈本领自然要比铁器高明得多。不过更主要的，还在于这些宝剑的表面都曾被做过特殊的处理。

越王勾践剑剑身上的黑色菱形格子花纹及黑色剑格，是经过硫化处理的，这是用硫或硫化物和剑的表层金属发生化学作用后形成的，检测时还发现有一些别的元素，这种处理，不但使宝剑美观，同时也大大增强了宝剑的抗蚀防锈能力。

这就是现代金属处理中所谓的表面钝化处理。你一定会对我国早在2000多年前所取得的这一成就深感敬佩了！

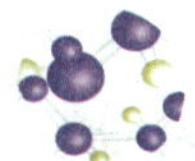

吸烟的危害

吸烟危害健康已是众所周知的事实。不同的香烟点燃时所释放的化学物质有所不同，但主要是焦油和一氧化碳等化学物质。香烟点燃后产生对人体有害的物质大致分为六大类：(1)醛类、氮化物、烯烃类，这些物质对呼吸道有刺激作用。(2)尼古丁类，刺激交感神经，引起血管内膜损害。(3)胺类、氰化物和重金属，这些均属毒性物质。(4)苯并芘、砷、镉、甲基肼、氨基酚、其他放射性物质。这些物质均有致癌作用。(5)酚类化合物和甲醛等，这些物质具有加速癌变的作用。(6)一氧化碳会减低红细胞将氧输送到全身去的能力。

吸烟对人体的危害：一个每天吸15到20支香烟的人，其患肺癌、口腔癌或喉癌致死的几率，要比不吸烟的人大14倍；其患食管癌致死的几率比不吸烟的人大4倍；死于膀胱癌的几率要大2倍；死于心脏病的几率也要大2倍。吸香烟是导致慢性支气管炎和肺气肿的主要原因，而慢性肺部疾病本身，也增加了得肺炎及心脏病的危险，并且吸烟也增加了高血压的危险。烟的烟雾（特别是其中所含的焦油）是致癌物质——就是说，它能在它所接触到的组织中产生癌，因此，吸烟者呼吸道的任何部位（包括口腔和咽喉）都有发生癌的可能。尼古丁能使心跳加快，血压升高，烟草的烟雾可能是由于含一氧化碳之故，似乎能够促使动脉粥样化累积，而这种情形是造成许多心脏疾病的一个原因，大量吸烟的人，心脏病发作

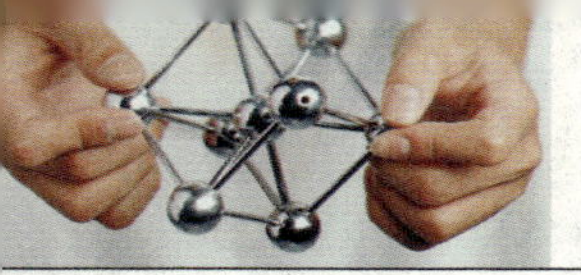

时，其致死的几率比不吸烟者大很多。吸烟妇女服用避孕药，会使服避孕药的危险性增大，每天吸烟15到20支的怀孕妇女，其流产几率比不吸烟妇女大2倍，而且更容易产下早产儿或体质衰弱的婴儿，吸烟妇女所生的婴儿在产后期的死亡率，比不吸烟妇女所生的婴儿大约高30%，还有所谓的"消极吸烟"，或是说吸二手烟，会增加不吸烟者得肺癌的几率，有些牌子的香烟焦油及尼古丁含量较其他香烟为低，但是，世界上没有一种完全"安全"的香烟存在。

所以说，你改吸"淡"烟也不见得一定有帮助。习惯性的大量吸烟者通常会在改吸淡烟时，养成一种深吸以及增加点烟次数的习惯。大多数吸烟者喜欢将一定量的烟雾吞下，因此消化道（特别是食管及咽部）就有患癌症的危险。肺中排列于气管上的细毛，通常会将外来物从肺组织上排除。这些绒毛会连续将肺中的微粒扫入痰或黏液中，将其排出来，烟草烟雾中的化学物质除了会致癌，还会逐渐破坏一些绒毛，使黏液分泌增加，于是肺部发生慢性疾病，容易感染支气管炎。明显地，"吸烟者咳嗽"是由于肺部清洁的机械效能受到了损害，于是痰量增加了。膀胱癌可能是由于吸入焦油中所含的致癌化学物质所造成，这些化学物质被血液吸收，然后经由尿液中出来。

人们常说的尼古丁、烟焦油仅是这些有毒物质中的一部分。以这两种物质为例，前者使吸烟者成瘾，从而不断受害，后者是通过在体内特别是肺内的沉积，渐成"超级杀手"。试验证明，一支香烟所含尼古丁可毒死一只小白鼠；20支香烟中的尼古丁可毒死一头牛；人的致死量是50~70毫克，相当于20~25支香烟尼古丁的含量。如果将一支雪茄烟或3支香烟的尼古丁注入人的静脉内，3~5分钟即可致死。烟

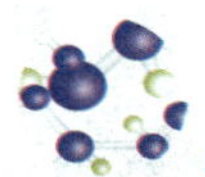

焦油致癌和促癌物为多环芳烃和酚类化物，这些物质可以沉积于肺内，经多年积累，就有可能发生癌变。年龄45岁、烟龄20年的人比不吸烟者患肺癌的高出10倍以上。吸烟还可以引起急性中毒死亡，我国早已有吸烟多了就摔倒在地，口吐黄水而死亡的例子，崇祯皇帝为此曾下令禁烟，前苏联曾有一名青年第一次吸烟，吸一支大雪茄后死去。英国一名长期吸烟的40岁的健康男子，因从事一项重要工作，一夜吸了14支雪茄和40支香烟，次日早晨感觉难受，经医生抢救无效死去；法国一个俱乐部举行了一次吸烟比赛，优胜者在他吸了60支纸烟，未来得及领奖即死去，其他参赛者都因生命垂危，被送到医院抢救。

吸烟造成的社会危害也不可小视。因吸烟者乱扔未熄灭的烟头，造成火灾的案例屡见报端，最典型的莫过于1987年5月大兴安岭森林火灾。此次大火共造成69.13亿元的惨重损失。事后查明，这次特大森林火灾，最初的5个起火点中，有4处系人为引起，其中2处起火点是3名“烟民”烟头引燃的。据悉，由中外医学科学家共同协作，在我国进行了有史以来涉及125万人的吸烟与死亡关系的规模最大的调查。调查表明：在中国男性人群中，由于吸烟而死亡的人数正急剧增加。如果说目前的吸烟状况持续下去，那么中国将面临吸烟所致疾病的大规模流行，1/3的年轻男性最终将因吸烟而死亡。

蔬菜污染

时下老百姓的菜篮子丰富了，人们也变得越来越“挑剔”了。来自农业部的数据显示：我国农药年用量为80万~100万吨。其中，使用在农作物、果树、花卉等方面的化学农药约占95%。长期而大量地滥用化学农药，不仅造成了环境污染，而且严重地危害着人体的健康。

• 农药之害猛于虎

小小的农药缘何对人类造成如此大的危害？据专家介绍，在施用农药过程中，农作物、畜类、水产等动植物都可能受到农药的污染。因此，目前几乎不存在哪个人群，在某种程度上未受到农药的污染作用。有些农药性质稳定、残留期长，一旦造成污染便很难消除。如 DDT，在土壤中如果自行消失掉 95% 需要 4~30 年。目前，在空气、水体、土壤和食物中都发现了存留的 DDT。

人们进食残留有农药的食物，如果污染较轻、吃入的数量较少时，不会出现明显的症状，但往往有头痛、头昏、无力、恶心、精神状态差等表现；当农药污染较重、进入体内的农药量较多时，会出现明显的不适，如乏力、呕吐、腹泻、肌颤、心慌等情况。严重者可能出现全身抽搐、昏迷、心力衰竭，甚至死亡的现象。另外，残留农药还可在人体内蓄积，超过一定量后会导致一些疾病，如男性不育。研究资料显示，在最近 50 年间，全世界男性精子的数量下降了 50%，不育或不孕夫妇的比例已达到 10%~15%。而造成这一切的罪魁祸首就是一些被称为环境内分泌干扰物的化学品，如“六六六”、“1605”等农药。

• 认清易受农药污染的蔬菜

随着栽培技术的不断进步，蔬菜的生长期越来越短，而随着环境污染的加剧，蔬菜的病虫害也越来越重，绝大部分蔬菜需要连续多次施药后才能成熟上市。

据农业植保部门调查表明：在叶菜上使用过高毒农药的种植户约占32.8%。种植户一般都是在收获期前10~15天以内用过农药，甚至有的农户在收获前4天用过药，致使蔬菜上的农药残留量浓度较高，

直接影响了消费者的身体健康。有关专家指出，一些易于生虫、生虫后又较难防治的蔬菜瓜果，常常是农药污染最厉害的品种。根据各地蔬菜市场农药检测结果综合分析，农药污染较重的有白菜类（小白菜、青菜、鸡毛菜）、韭菜、黄瓜、甘蓝、花椰菜、菜豆、芥菜、茼蒿、茭白等等。其中韭菜、油菜受到的农药污染比例最大。因为青菜虫抗药性较强，普通杀虫剂难以杀死害虫，农户为了尽快杀虫，会选择高毒农药。韭菜的虫害韭蛆常常生长在菜体内，表面喷洒杀虫剂难以起到作用，所以不少农户用大量高毒杀虫剂灌根，而韭菜具有的内吸毒特征使得毒物遍布整个株体；另一方面，部分农药和韭菜中含有的硫结合后，毒性增强。

一般而言，叶子和嫩茎是合成蛋白质最旺盛的场所，所以最容易受到污染。而农药也往往是喷洒在蔬菜的叶片上，因此叶类蔬菜的农药残留相对来说就比较严重。茄果类蔬菜如青椒、番茄等，嫩荚类蔬菜如豆角等，以及鳞茎类蔬菜如葱、蒜、洋葱等，农药的污染相对较小。

如何清除蔬菜中的农药残留 >

1.清水浸泡洗涤法：主要用于叶类蔬菜，如菠菜、生菜、小白菜等。一般先用水冲洗掉表面污物，然后用清水浸泡，浸泡不少于10分钟。必要时可加入果蔬清洗剂，增加农药的溶出。如此清洗浸泡2~3次，基本上可清除绝大部分残留的农药成分。

2.碱水浸泡清洗法：大多数有机磷杀虫剂在碱性环境下，可迅速分解，所以用碱水浸泡是去除蔬菜残留农药污染的有效方法之一。在500毫升清水中加入食用碱5~10克配制成碱水，将经初步冲洗后的蔬菜放入碱水中(根据菜量多少配足碱水)。浸泡5~10分钟后，用清水冲洗蔬菜，重复洗涤3次左右效果更好。

3.加热烹饪法：氨基甲酸酯类杀虫剂随着温度的升高，分解会加快。所以对一些其他方法难以处理的蔬菜可通过加热去除部分残留农药。常用于芹菜、圆白菜、青椒、豆角等。先用清水将表面污物

洗净，放入沸水中2~5分钟捞出，然后用清水冲洗1~2遍后置于锅中烹饪成菜肴。

4.清洗去皮法：对于带皮的蔬菜如黄瓜、胡萝卜、冬瓜、南瓜、茄子、西红柿等等，可以用锐器削去含有残留农药的外皮，只食用肉质部分，既可口又安全。

5.储存保管法：农药在空气中随着时间的推移，能够缓慢分解为对人体无害的物质。所以对一些易于保管的蔬菜，可以通过一定时间的存放，来减少农药残留量。适用于冬瓜、南瓜等不易腐烂的品种。一般应存放10~15天以上。同时建议不要立即食用新采摘的未削皮的瓜果。

以上方法对于蔬菜残留农药清除具有良好的效果，既可确保蔬菜的营养成分，也维护了消费者的身体健康。

木糖醇是什么 >

木糖醇是一种具有营养价值的甜味物质，也是人体糖类代谢的正常中间体。一个健康的人，即使不吃任何含有木糖醇的食物，每100毫克血液中也含有0.03~0.06毫克的木糖醇。在自然界中，木糖醇广泛存在于各种水果、蔬菜中，但含量很低。商品木糖醇是用玉米芯、甘蔗渣等农业作物，经过深加工而制得的，是一种天然健康的甜味剂。

木糖醇为白色晶体，外表和味觉与蔗糖相似，是多元醇中最甜的甜味剂，味凉、甜度相当于蔗糖，热量相当于葡萄糖。是未来的甜味剂，是蔗糖和葡萄糖的替代品。

从食品级来说，木糖醇有广义和狭义之分。广义为碳水化合物，狭义为多元醇。因为木糖醇仅仅能被缓慢吸收或部分被利用。热量低是它的一大特点：每克2.4卡路里，比其他碳水化合物少40%。木糖醇从20世纪60年代开始应用于食品中。在一些国家它是很受糖尿病人欢迎的一种甜味剂。在美国，为了某些特殊目的可以作为食品添加剂，不受用量限制地加入食品中。

木糖醇是防龋齿的最好甜味剂，已在25年的时间内，不同情况下得到印证。木糖醇可以减少龋齿这一特性，在高危险率人群（龋齿发生率高、营养低下、口腔卫生水平低）和低危险率人群（利用当前所有的牙齿保护措施保护牙齿，牙洞产生率低）中均为适用。

以木糖醇为主要甜味剂的口香糖和糖果已经得到6个国家牙齿保健协会的正式认可。

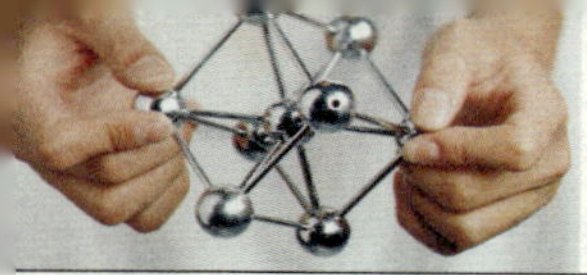

- 木糖醇的功能

1. 木糖醇做糖尿病人的甜味剂、营养补充剂和辅助治疗剂：木糖醇是人体糖类代谢的中间体，在体内缺少胰岛素影响糖代谢情况下，无需胰岛素促进，木糖醇也能透过细胞膜，被组织吸收利用，供给细胞以营养和能量，且不会引起血糖值升高，消除糖尿病人的“三多”（多食、多饮、多尿）症状，是最适合糖尿病患者食用的营养性的食糖代替品。

2. 木糖醇改善肝功能：木糖醇能促进肝糖原合成，血糖不会上升，对肝病患者有改善肝功能和抗脂肪肝的作用，治疗乙型迁延性肝炎、乙型慢性肝炎及肝硬化有明显疗效，是肝炎并发症病人的理想辅助治疗药物。

3. 木糖醇的防龋齿功能：木糖醇的防龋齿特性在所有的甜味剂中效果最好，首先是木糖醇不能被口腔中产生龋齿的细菌发酵利用，抑制链球菌生长及酸的产生；其次它能促进唾液分泌，减缓 pH 值下降，减少了牙齿的酸蚀，防止龋齿和减少牙斑的产生，可以巩固牙齿。

4. 木糖醇的减肥功能：木糖醇为人体提供能量，合成糖原，减少脂肪和肝组织中的蛋白质的消耗，使肝脏受到保护和修复，消除人体内有害酮体的产生，不会为食用而发胖忧虑。可广泛用于食品、医药、轻工等领域。

- 木糖醇的应用范围

1. 木糖醇在体内新陈代谢不需要胰岛素参与，又不使血糖值升高，并可消除糖尿病人“三多”（多饮、多尿、多食），因此是糖尿病人安全的甜味剂、营养补充剂和辅助治疗剂。

2. 食用木糖醇不会引起龋齿，可以适用于做口香糖、巧克力、硬糖等食品的甜味剂。

3. 由于其独特的功能，与其他糖类、醇类调和食用，可作为低糖食品的甜味剂。

4. 木糖醇口感清凉，冰冻后效果更好，可用在爽口的冷饮、甜点、牛奶、咖啡等行业。也可使用在健康饮品、润喉药物、止咳糖浆等方面。

5. 为了身体健康，可用于家庭作蔗糖的代用品，以防止蔗糖食用过多引起的糖尿病肥胖症。

6. 木糖醇是一种多元醇，可作为化妆品类的湿润调整剂使用，对人体皮肤无刺激作用。例如：洗面乳、美容霜、化妆水等。

7. 木糖醇具有吸湿性、防龋齿功能，并且液体木糖醇具有良好的甜味，所以可以代替甘油做烟丝、防龋齿牙膏、漱口剂的加香、防冻保湿剂等。

8. 液体木糖醇可用在蓄电池极板制造上，性能稳定，容易操作，成本低，比甘油更佳。

装修污染——生活中的定时炸弹 >

装修和制作家具一般都大量采用三合板、人造板，而甲醛作为黏合剂的重要成分隐藏在板材夹层中。室温每上升1℃，甲醛释放到空气的浓度就会增加，长期处于这种环境中对身体的损害是致命的。

我国颁布实施的《民用建筑工程室内环境污染控制规范》列出5种主要污染物：甲醛、苯、氨气、挥发性有机物、放射性氡等物。

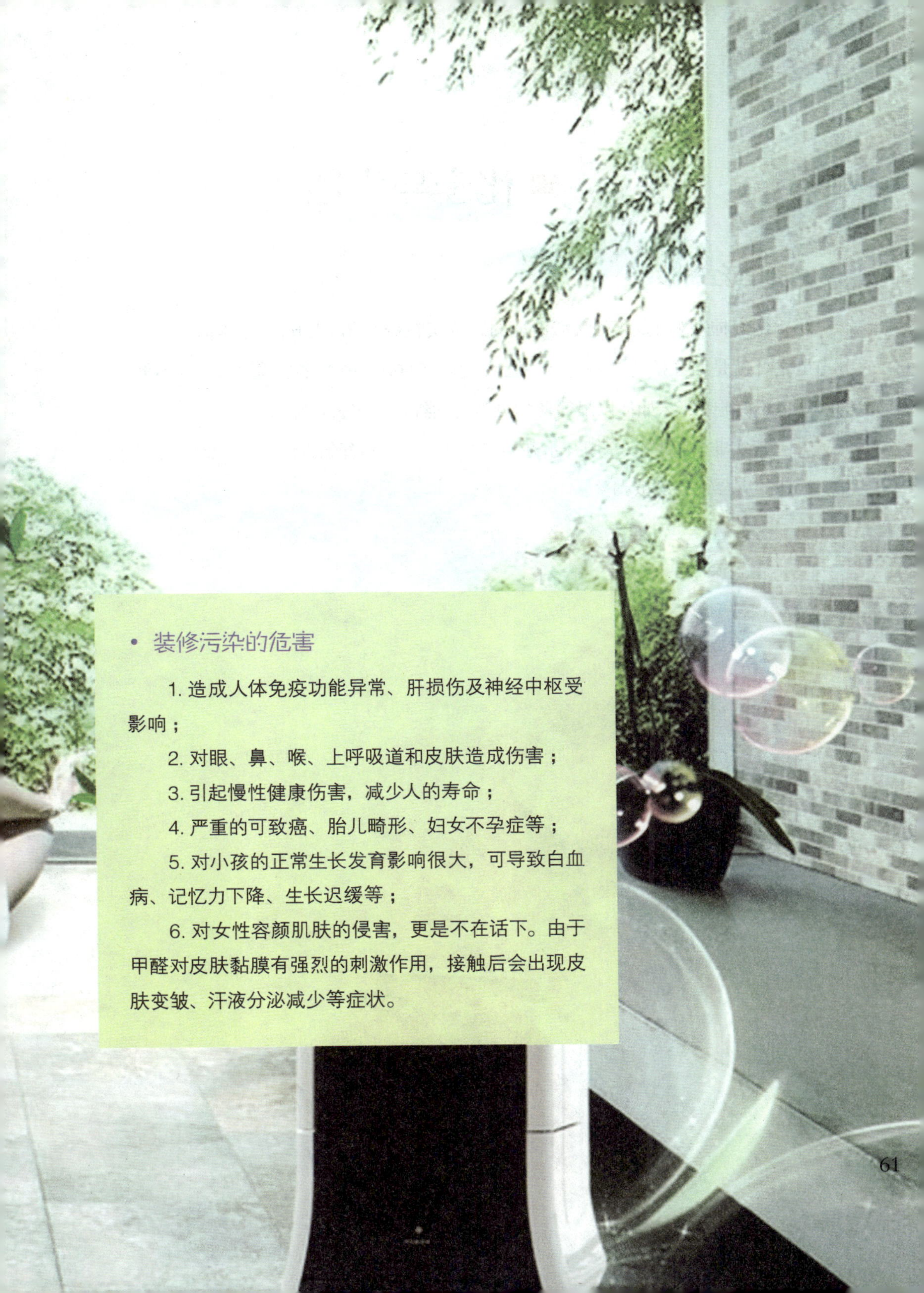

- 装修污染的危害

1. 造成人体免疫功能异常、肝损伤及神经中枢受影响；

2. 对眼、鼻、喉、上呼吸道和皮肤造成伤害；

3. 引起慢性健康伤害，减少人的寿命；

4. 严重的可致癌、胎儿畸形、妇女不孕症等；

5. 对小孩的正常生长发育影响很大，可导致白血病、记忆力下降、生长迟缓等；

6. 对女性容颜肌肤的侵害，更是不在话下。由于甲醛对皮肤黏膜有强烈的刺激作用，接触后会出现皮肤变皱、汗液分泌减少等症状。

化学与生活

巧剥西红柿皮 >

西红柿炒鸡蛋，那种酸酸滑滑的感觉实在令人胃口大开，可是唯有一点不足之处就是西红柿的皮经过烹炒之后，就像塑料皮一样，卷在盘子里，既不美观也不好吃！那么如何以最简便的方法将西红柿的皮去掉呢？

其实非常简单——用开水在西红柿上一浇。不管怎么说，这样做之后西红柿的皮会很容易被剥落。

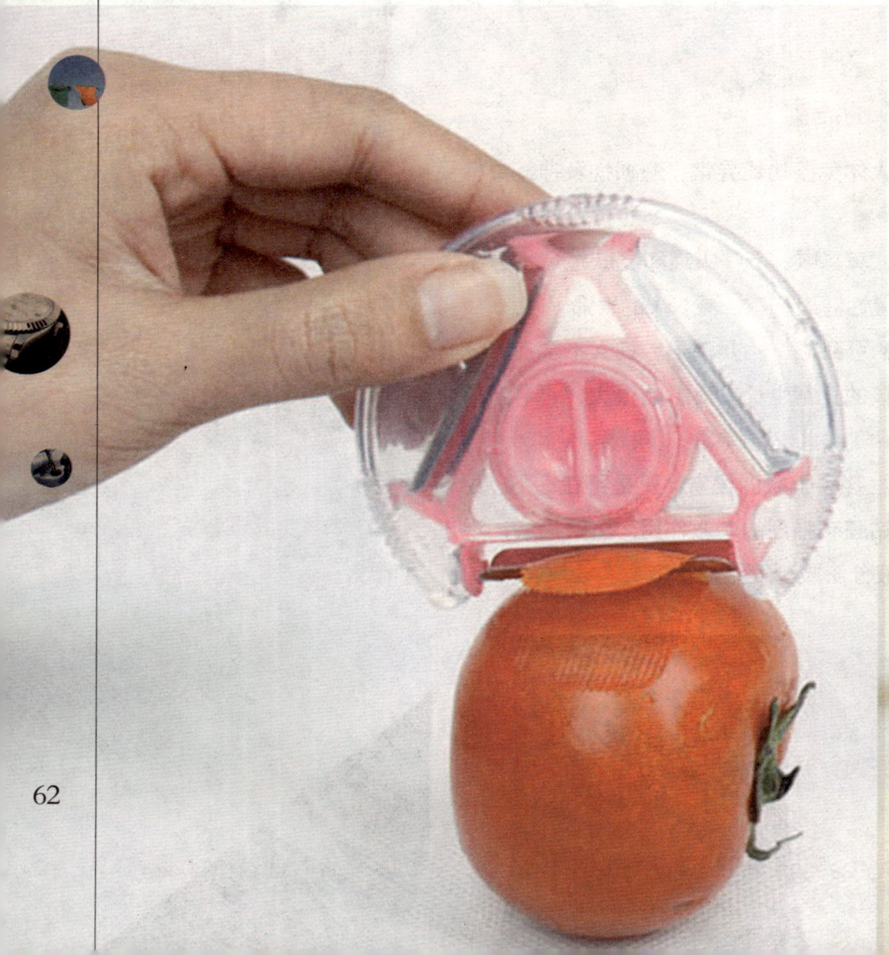

利用胡萝卜巧去血渍 >

沾染上血渍的衣服如果扔掉实在可惜，有什么办法可以让沾染上血渍的衣服重见天日呢?

有一个办法简单得不得了：食盐与捣碎的胡萝卜混合搅拌，涂在衣物沾染的血迹上，再用清水洗净，血迹即掉。相信这个办法公布以后，那些沾染上血渍的衣服一定会大大地庆贺一番，人类太聪明了——总会在制造问题之后立刻解决问题。

轻松除水垢

家里的水壶、暖水瓶里长了水垢，怎么清除干净呢?

小心地将水壶烧到刚刚要干，立即浸到凉水里。这一热一冷，由于铝和水垢热胀冷缩的程度不同，水垢就会碎裂，从壶壁上簌簌落下。水垢的主要成分是碳酸钙、碳酸镁，它们可以和酸起化学变化。根据这个道理，在水壶里倒些食醋，在火上温热一下，只见水垢上放出密密麻麻的小气泡，水垢便粉碎了。用稀盐酸也能除水垢。稀盐酸“消化”碳酸钙的能力比食醋强，不过，操作起来要十分小心，别让盐酸把手也腐蚀坏了。要知道，盐酸和铝很容易起反应。如果是搪瓷水壶，搪瓷又未脱落，用稀盐酸除水垢当然好。暖水瓶里的水垢这样除去，更没问题了。

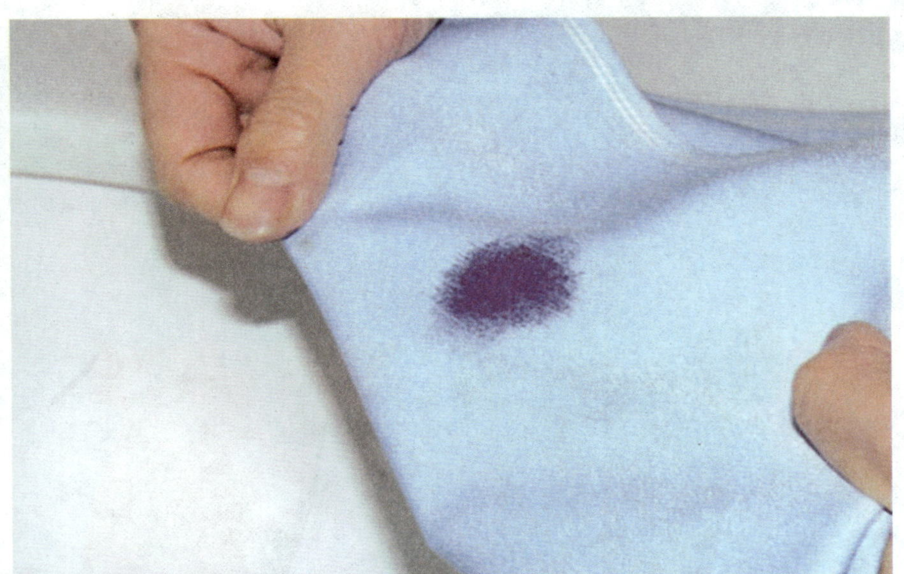

怎样除去衣服上的污渍 >

一件漂亮的衣服，一旦被污渍污染，则很不美观，下面向你介绍几种常见的污渍的简易去除方法：

1.汗渍

方法一：将有汗渍的衣服在10%的食盐水中浸泡一会儿，然后再用肥皂洗涤。

方法二：在适量的水中加入少量的碳铵[$(NH_4)_2CO_3$]和少量的食用碱[Na_2CO_3或$NaHCO_3$]，搅拌溶解后，将有汗渍的衣服放在里面浸泡一会儿，然后反复揉搓。

2.油渍

在油渍上滴上汽油或者酒精，待汽油或酒精挥发后油渍也会随之消失。

3.蓝墨水污渍

方法一：在适量的水中加入少量的碳铵[$(NH_4)_2CO_3$]和少量的食用碱[Na_2CO_3或$NaHCO_3$]，搅拌溶解后，将有蓝墨水污渍的衣服放在里面浸泡一会儿，然后反复揉搓。

方法二：将有蓝墨水污渍部位放在2%的草酸溶液中浸泡几分钟，然后用洗涤剂洗除。

4.血渍

因血液里含有蛋白质，蛋白质遇热则不易溶解，因此洗血渍不能用热水。

方法一：将有血渍的部位用双氧水或者漂白粉水浸泡一会儿，然后搓洗。

方法二：将胡萝卜切碎，撒上食盐搅拌均匀，10分钟之后挤出胡萝卜汁，将有血渍的部位用胡萝卜汁浸泡一会儿，然后搓洗。

5.果汁渍

新染上的果汁渍用食盐水浸泡后，再用肥皂搓洗。如果染上的时间较长了，则可以将衣服在10%的食盐水中浸泡一会儿，然后再用肥皂洗涤。

6.铁锈渍

在热水中加入少许草酸，搅拌后使草酸全部溶解，将有铁锈渍的部位放在草酸溶液中浸泡10分钟，然后再用肥皂搓洗。

7.茶渍

将有茶渍的部位放在饱和食盐水中浸泡，然后用肥皂搓洗。

水果为什么可以解酒 >

这是因为水果里含有机酸，例如，苹果里含有苹果酸，柑橘里含有柠檬酸，葡萄里含有酒石酸等，而酒的主要成分是乙醇，有机酸能与乙醇相互作用而形成酯类物质从而达到解酒的目的。同样道理，食醋也能解酒，是因为食醋里含有3%~5%的乙酸，乙酸能跟乙醇发生酯化反应生成乙酸乙酯。

不慎打碎体温计，如何处理 〉

体温计里装的一般是水银，不慎打碎体温计，水银外漏，洒落的水银就会散布到地面上、空气中，引起环境污染，继而危害人体健康。因此体温计打碎后，应妥善处理洒落的水银，可先用吸管吸取颗粒较大的水银，然后在剩余水银的细粒上撒些硫磺粉末，水银和硫磺反应生成不易挥发的硫化汞，可减少危害。

为什么不能用茶水服药 >

服药通常要用温开水送服，为何不能用茶水呢？茶水中含鞣酸，它会和药物中的多种成分发生作用，从而使药效降低乃至失效，如贫血病人服用铁剂会同鞣酸反应生成难以被人体吸收的鞣酸铁。

为什么抗生素类的药物宜在饭后服用 >

抗生素药类大部分是胺类化合物，人空腹服用后药物易被胃中胃酸分解，既降低药效，又对胃壁产生较大的刺激作用。而饭后服用药物，由于胃酸被食物冲淡，药物就不会被胃酸分解，因此抗生素药物一般在饭后服用。

为什么会变色 >

因为钨丝发热蒸发一部分金属钨的微粒便从灯丝表面跑出来，沉淀在灯泡内壁，导致灯泡变黑。铝锅用久变黑，是因为水里的铁盐置换了铝；没擦干的小刀在火上烤表面变蓝，因为铁和水化合生成四氧化三铁。

自来水刚煮沸就关火对健康不利 >

煮沸3~5分钟再熄火，烧出来的开水亚硝酸盐和氯化物等有毒物质含量都处于最低值，最适合饮用。

铅笔的标号是怎么分的 >

铅笔的笔芯是用石墨和黏土按一定比例混合制成的。"H"即英文"Hard"（硬）的词头，代表黏土，用以表示铅笔芯的硬度。"H"前面的数字越大（如6H），铅笔芯就越硬，也即笔芯中与石墨混合的黏土比例越大，写出的字越不明显，常用来复写。"B"是英文"Black"（黑）的词头，代表石墨，用以表示铅笔芯质软硬和写字的明显程度。以"6B"为最软，字迹最黑，常用以绘画，普通铅笔标号则一般为"HB"。考试时用来涂答题卡的铅笔标号一般为"2B"。

H

HB

6B

4B

2B

巧防衣服褪色

用直接染料染制的条格布或标准布，一般颜色的附着力比较差，洗涤时最好在水里加少许食盐，先把衣服在溶液里浸泡10~15分钟后再洗，可以防止或减少褪色。

用硫化染料染制的蓝布，比一般颜色的附着力强，但耐磨性比较差。因此，最好先在洗涤剂里浸泡15分钟，用手轻轻搓洗，再用清水漂洗。不要用搓板搓，免得布丝发白。

用氧化染料染制的青布，一般染色比较牢固，有光泽，但遇到煤气等还原气体容易泛绿。所以，不要把洗好的青布衣服放在炉边烘干。用士林染料染制的各种色布，染色的坚牢度虽然比较好，但颜色一般附着在棉纱表面。所以，穿用这类色布要防止摩擦，避免棉纱的白色露出来，造成严重的褪色、泛白现象。

肥皂的历史 >

在我们的生活中，一天也离不了肥皂。洗脸用香皂，洗澡用药皂，洗衣服用洗衣皂。脸要天天洗，衣服也要勤洗勤换。衣服穿久了，由于尘土、油污和汗水的污渍，会散发出酸臭味。带有油污的衣服是滋生病菌的温床。脏东西还会腐蚀、毁坏织物的纤维，只有经常洗涤才能使衣服延年益寿。

• 肥皂的起源

据史料记载，最早的肥皂配方起源于西亚的美索不达米亚。大约在公元前3000年的时候，人们便将1份油和5份碱性植物灰混合制成清洁剂，在欧洲关于肥皂起源的传说很多，一说古罗马的高卢人，每遇节日便将羊油和山毛榉树灰溶液搅成稠状，涂在头发上，梳成各种发型。一次，节日突遇大雨，发型淋坏了，人们却意外发现头发变干净了。又传说，罗马人在祭神时，烧烤的牛羊油滴落在草木灰里，形成了“油脂球”。妇女们洗衣时发现，沾了“油脂球”的衣服更易洗干净。这都说明了人们用动物脂肪与草木灰（碱）皂已有千年历史。

考古学家在意大利的庞贝古城遗址中发现了制肥皂的作坊。说明罗马人早在公元2世纪已经开始了原始的肥皂生产。中国人也很早就知道利用草木灰和天然碱洗涤衣服，人们还把猪胰腺、猪油与天然戎混合，制成块，称“胰子”。早期的肥皂是奢侈品，直至1791年法国化学家卢布兰用电解食盐方法廉价制取火碱成功，从此结束了从草木灰中制取碱的古老方法。1823年，德国化学家契弗尔发现脂肪酸的结构和特性，肥皂即是脂肪酸的一种。19世纪末，制皂工业由手工作坊最终转化为工业化生产。肥皂之所以能去污，是因为它有特殊的分子结构，分子的一端有亲水性，另一端则有亲油脂性，在水与油污的界面上，肥皂使油脂乳化，让油脂溶于肥皂水中；在水与空气的界面上，肥皂围住空气的分子形成肥皂泡沫。原先不溶于水的污垢，因肥皂的作用，无法再依附在衣物表面，而溶于肥皂泡沫中，最后被

整个清洗掉。18 世纪法国人利用盐及石炭制作“人工苏打”，取代传统自灰烬中取出的碱汁。到了 19 世纪，德国人发明以电解食盐水来制取氢氧化钠；自此之后，氢氧化钠的普及，得以让肥皂从原本只有王宫贵族才用得起的商品，摇身一变，成为平民百姓的日常生活用品。在此之前，肥皂的制造，靠的是有经验的工匠。利用油脂与碱汁的比例来调制，由于没有资料可参阅，经常因为无法凝固而重新再试。值得一提的是，在拓荒时期的美国，移民的人会在初春天气暖和的时候，选择一天，召集全村的人来做肥皂。肥皂的材料来源，是从橡树、山毛榉等木材中提炼涩汁，作为碱汁的来源，如果不够，就从暖炉的灰烬中添加。有了碱汁，再从动物脂肪或是料理用的植物油取得油脂，但一旦油水分离，就得再从头来。到了 19 世纪，才有企业投资肥皂的生产。

• 肥皂的命名

因为古人在黄河流域使用皂荚来洗衣服，后来到长江流域就没有皂荚树了，于是他们又发现了另一种树，其果实跟皂荚的性能一样，可以洗衣服，但是，比皂荚更为肥厚丰腴，所以，给它取名叫肥皂子，也叫肥皂果。后来发明了人造的去污剂的时候，依然使用了“肥皂”这个词语。所以，虽然没有瘦皂，可是有不肥的皂，就是“皂荚”。因肥皂是由西方制造引进，所以当时称为“洋碱”，虽然“碱”和肥皂本身并不能视为等同的关系，但受新奇感驱使的中国人还是将这个名字在官方沿用了好几十年，直到民族工商业自己造出了肥皂，才渐渐舍弃了“洋”字。

- 肥皂的种类

肥皂的用途很广，除了大家熟悉的用来洗衣服之外，还广泛地用于纺织工业。通常以高级脂肪酸的钠盐用得最多，一般叫做硬肥皂；其钾盐叫做软肥皂，多用于洗发刮脸等；其铵盐则常用来做雪花膏。根据肥皂的成分，从脂肪酸部分来考虑，饱和度大的脂肪酸所制得的肥皂比较硬；反之，不饱和度较大的脂肪酸所制得的肥皂比较软。肥皂的主要原料是熔点较高的油脂。从碳链长短来考虑，一般说来，脂肪酸的碳链太短，所做成的肥皂在水中溶解度太大；碳链太长，则溶解度太小。因此，只有C_{10}~C_{20}的脂肪酸钾盐或钠盐才适于做肥皂，实际上，肥皂中含C_{16}~C_{18}脂肪酸的钠盐为最多。肥皂中通常还含有大量的水。在成品中加入香料、染料及其他填充剂后，即得各种肥皂。普通使用的黄色洗衣皂，一般掺有松香，松香是以钠盐的形式加入的，其目的是增加肥皂的溶解度和多起泡沫，并且作为填充剂也比较便宜。白色洗衣皂则加入碳酸钠和水玻璃（有的含量可达12%），一般洗衣皂的成分中约含30%的水分。如果把白色洗衣皂干燥后切成薄片，即得皂片，用以洗高级织物。在肥皂中加入适量的苯酚和甲酚的混合物（防腐、杀菌）或硼酸即得药皂。香皂需要比较高级的原料，例如，用牛油或棕榈油与椰子油混用，制得的肥皂，弄碎、干燥至含水量约为10%~15%，再加入香料、染料后，压制成形即得。液体的钾肥皂常用做洗发水等，通常是以椰子油为原料制得的。肥皂，通常分为硬皂、软皂和过脂皂3种。如果在肥皂中加入某些药物，那就成为药皂了，如硫磺皂、檀香皂等。硬皂即常说的“臭

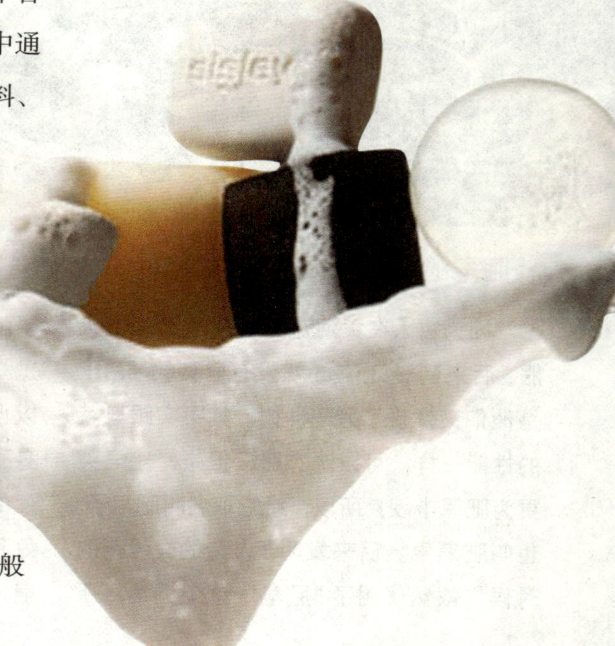

肥皂”，它含碱量高，去油去污能力强，但对皮肤也有较大的刺激性，反复使用时可使皮肤很快发生干燥、粗糙、脱皮等现象。因此，硬皂一般只用于洗衣，而不用于洗澡。软皂就是我们平时所用的“香皂”。它含碱量较低，对皮肤的刺激性较小，所以正常人和银屑病患者均可以使用。对皮肤有良好的去屑作用。过脂皂也叫多脂皂，不含碱。儿童香皂多属于这一类。过脂皂适宜于女性使用。石炭酸皂、硫磺皂、煤焦油皂、硼酸皂、来苏皂、檀香皂等药皂，也均可为银屑病患者所使用，但如果患者对某种药皂过敏，则应避免使用。

肥皂的衍生物——肥皂泡

肥皂泡是非常薄的形成一个带彩虹表面的空心形体的肥皂水的膜。肥皂泡的存在时间通常很短，它们会因触碰其他物体或维持于空气中太久而破裂（地心引力令肥皂泡上方的膜变薄）。由于它们很脆弱，它们也成为美好但不实际的东西的隐喻。它们经常被用作孩童的玩物，但他们在艺术表演中的使用也表明它们对于成人也是很有吸引力的。肥皂泡还可能帮助解决空间的复杂的数学问题，因为它们总是会找到点或者边之间的最小表面。

• 肥皂泡的制作

做泡泡水有好几种方法，比如肥皂沫、洗洁精、洗衣粉，用这些材料加水都可以制成泡泡水，但是这样做出来的泡泡水，效果各有不同，用洗洁精配出来的，泡泡小但很多；另外两种吹出来的泡泡虽然大，但数量少。

第一种配方的材料有甘油、水、洗涤灵，比例是1∶4∶4。

第二种配方的材料有甘油、胶水、水、洗涤灵，比例是1∶1∶4∶4。

第三种配方的材料有甘油、胶水、水、洗涤灵、洗手液，比例是1∶1∶4∶2∶2。

第四种配方的材料有胶水、水、洗涤灵、洗手液，比例是1∶4∶2∶2。

第五种配方的胶水、水、洗涤灵、洗手液，比例是1∶4∶2∶2。

• 教你吹肥皂泡

首先用铁丝做成一个大环，接着用大容器盛满肥皂水，大环放进容器中，沾满肥皂水后提出来，小心别让肥皂薄膜破了。慢慢地挥动铁环，让风力将肥皂水膜鼓胀为大肥皂泡泡。最好在肥皂水中添加少许淀粉或糖浆、蛋白、汽油等来强化肥皂水膜。

一、花朵四周的肥皂泡

拿一些肥皂液倒在一只大盘里或者茶具托盘里，倒到大约2~3毫米厚的一层；在盘子中心放一朵花或者一只小花瓶，用一只玻璃漏斗把它盖起。然后缓缓把漏斗揭开，用一根细管向里面吹气于是就吹出一个肥皂泡来；等到这个肥皂泡达到相当大以后，把漏斗倾斜，让肥皂泡从漏斗底下露出来。于是，那朵花或者那只小花瓶就给罩在一个由肥皂薄膜做成的、闪耀着各种彩虹的透明半圆形罩子底下了。

二、肥皂膜制作的圆柱体

先准备两个铁丝圆环。把吹好的肥皂泡放在下面一个环上，把沾有肥皂液的另一个环从上面轻轻放到肥皂泡上，然后，把这个环慢慢向上提，把泡拉长，一直到它成圆柱形为止。有趣的是，假如人们把上面的圆环提高到比圆环圆周长更大的高度，圆柱的一半就收缩起来，另一半却放宽起来，最终变成了两个泡。

三、把肥皂泡保存下来

许多人认为肥皂泡的“寿命”太短，这一点，并不是不完全正确的。如果给它适当的照顾，可以使肥皂泡保存几十天。英国物理学家杜瓦（他因对液化空气的研究而著名）把肥皂泡保存在特制的瓶子里，排除尘埃，防止干燥和空气的震荡，可以把肥皂泡保存一个月或者还不止。有人把肥皂泡保存在玻璃罩下面，一直保存了好几年。

• 表演艺术

肥皂泡表演融合了娱乐和艺术创作。他们需要高度的技巧和完美的溶液。有些艺术家能产生巨大的气泡，做成物体甚至人物形状。也有一些能够制作立方体、四面体和其他形体或者雕塑。肥皂泡通常空手处理。为增加视觉效果，他们有时用烟或者氦气填充并配以激光或火焰。肥皂泡也可以用天然气之类的可燃气体填充然后点燃。当然，这会毁掉该肥皂泡。

2007 年英国伦敦博物馆，被称为泡泡人的 SAMSAM，用一个巨大的肥皂泡将 50 名学生罩了起来。他打破了一个泡泡容纳最多人的吉尼斯世界纪录，之前的一个世界纪录是一个泡泡容纳 42 个人。

美国人汤姆·诺迪（Tom Noddy）从事一种奇怪的职业：吹肥皂泡。他能吹出成串成串的泡泡，还能让一个泡泡套着一个泡泡，甚至能把烟吹入泡泡中，来突出泡泡的形状。他在世界的每个角落进行表演，经常有一些数学家来看他的表演。1982 年，汤姆希望设立一个肥皂泡节日的建议得到了旧金山科学实验中心的热情支持。第一个肥皂泡节吸引了 15 000 名爱好者参加。现在，肥皂泡展览在世界各地的科学探索中心定期举行。

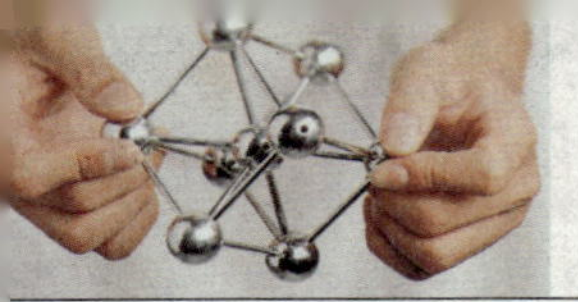

化学与气象

臭氧层空洞

在高层大气中（高度范围约离地面15~24千米），由氧吸收太阳紫外线辐射而生成大量的臭氧（O_3）。光子首先将氧分子分解成氧原子，氧原子与氧分子反应生成臭氧：

$$O_2 \rightarrow 2O$$

$$O + O_2 \rightarrow O_3$$

O_3和O_2属于同素异形体，在通常的温度和压力条件下，两者都是气体。

当O_3的浓度在大气中达到最大值时，就形成厚度约20千米的臭氧层。臭氧能吸收波长在220~330纳米范围内的紫外光，从而防止这种高能紫外线对地球上生物的伤害。

过去人类的活动尚未达到平流层（海拔约30千米）的高度，而臭氧层主要分布在距地面20~25千米的大气层中，所以未受到重视。近年来不断测量的结果已证实臭氧层已经开始变薄，乃至出现空洞。1985年，发现南极上空出现了面积与美国大陆相近的臭氧层空洞，1989年又发现北极上空正在形成另一个臭氧层空洞。此后发现空洞并非固定在一个区域内，而是每年在移动，

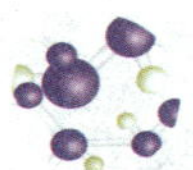

且面积不断扩大。臭氧层变薄和出现空洞，就意味着有更多的紫外辐射线到达地面。紫外线对生物具有破坏性，对人的皮肤、眼睛，甚至免疫系统都会造成伤害，强烈的紫外线还会影响鱼虾类和其他水生生物的正常生存，乃至造成某些生物灭绝，会严重阻碍各种农作物和树木的正常生长，又会使由CO_2量增加而导致的温室效应加剧。

人类活动产生的微量气体，如氮氧化物和氟氯烷等，对大气中臭氧有很大的影响。引起臭氧层被破坏的原因有多种解释，其中公认的原因之一是氟利昂（氟氯甲烷类化合物）的大量使用。氟利昂被广泛应用于制冷系统、发泡剂、洗净剂、杀虫剂、除臭剂、头发喷雾剂等。氟利昂化学性质稳定，易挥发，不溶于水。但进入大气平流层后，受紫外线辐射而分解产生Ci原子，Ci原子则可引发破坏O_3循环的反应：

$$Ci+O_3 \rightarrow CiO+O_2$$

$$CiO+O \rightarrow CiO_2$$

由第一个反应消耗掉的CI原子，在第二个反应中又重新产生，又可以和另外

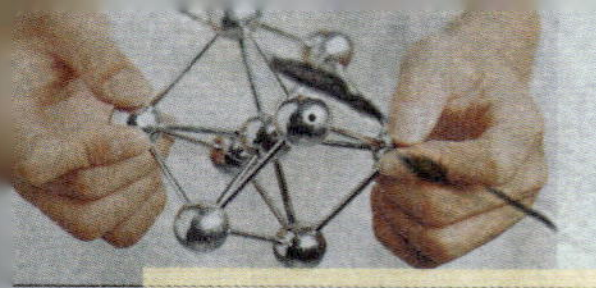

一个O_3起反应，因此每一个Cl原子能参与大量的破坏O_3的反应，这两个反应加起来的总反应是：

$$O_3+O\rightarrow 2O_2$$

反应的最后结果是将O_3转变为O_2，而Cl原子本身只作为催化剂，反复起分解O_3的作用。O_3就被来自氟利昂分子释放出的Cl原子引发的反应而破坏。

另外，大型喷气机的尾气和核爆炸烟尘的释放高度均能达到平流层，其中含有各种可与O_3作用的污染物，如NO和某些自由基等。人口的增长和氮肥的大量生产等也可以危害到臭氧层。在氮肥的生产中向大气释放出各种氮的化合物，其中一部分可能是有害的氧化亚氮（N_2O），它会引发下列反应：

$$N_2O+O\rightarrow N_2+O_2$$

$$N_2+O_2\rightarrow 2NO$$

$$NO+O_3\rightarrow NO_2+O_2$$

$$NO_2+O\rightarrow NO+O_2$$

$$O_3+O\rightarrow 2O_2$$

NO按后两个反应式循环反应，使O_3分解。

为了保护臭氧层免遭破坏，于1987年签订了蒙特利尔条约，即禁止使用氟氯烷和其他卤代烃的国际公约。然而，臭氧层变薄的速度仍在加快。不论是南极地区上空，还是北半球的中纬度地区上空，O_3含量都呈下降趋势。与此同时，关于臭氧层破坏机制的争论也很激烈。例如大气的连续运动性质使人们难以确定臭氧含量的变化究竟是由动态涨落引起的，还是由化学物质破坏引起的，这是争论的焦点之一。由于提出不同观点的科学家在各自所在的地区对大气臭氧进行的观测是局部和有限的，因此建立一个全球范围的臭氧浓度和紫外线强度的监测网络，可能是十分必要的。

联合国环境计划署对臭氧消耗所引起的环境效应进行了估计，认为臭氧每减少1%，具有生理破坏力的紫外线将增加13%，因此，臭氧的减少对动植物尤其是人类生存的危害是公认的事实。保护臭氧层须依靠国际合作，并采取各种积极、有效的对策。

温室效应

• 为何地球是暖的

太阳其实是不断向四面八方发出射线的，这些射线的波长段是在紫外光到红外线之间。这些太阳射线可以在通过大气层时不会被空气中的气体吸收。当这些射线到达地球表面时，它们就会被物体吸收，转成了热，所以地球表面和海面亦是暖的。这些“热”了的物体亦因它们“热”了，而放射出另一种波长转长的射线（红外线），向四方八面散射出去。

虽然同是射线，但这些红外线不像那些来自太阳的。它们在经过大气层时，会被气体如水蒸气、臭氧、二氧化碳和其他气体吸收（这些可以吸收红外线的气体，可统称为“温室气体”）。这些气体在吸收了这些红外线并将其转化成热，因而令附近的温度上升。

这些气体一如地面上的物质一样，“热了”亦会散射出红外线。一些会射向外层空间，一些则会反射回地面。

这些温室气体因而好像地球的一床“被”，为地球保温。

• 温室效应

由二氧化碳、水蒸气和其他温室气体所造成的暖化效应我们都称为温室效应。空气中水蒸气的含量比起二氧化碳的含量高出很多（虽然水蒸气在空气中的含量并不如二氧化碳般较为稳定），所以温室效应的暖化效果主要是水蒸气造成的。但是有部分波长的红外线是水蒸气不可吸收的。二碳化碳所吸收的红外线波长刚刚有部分是在这个空隙的。如果二氧化碳的浓度上升，那么多余的热量就会被保存着，令地球更加暖化。

虽然水蒸气在大气中大体上都有一定的浓度，但二氧化碳的浓度却不然。自从欧洲发生了工业革命，二氧化碳在大气中的含量就开始上升。在工业革命前，大气中二氧化碳的浓度约为 280~90 毫升 / 升，但是在 1990 年，浓度已上升成大约 340 毫升 / 升。

地球暖化起来并不只是因为二氧化碳的浓度上升，其他温室气体的浓度也是一个因素。我们常在谈论温室效应的时候也谈起二氧化碳，只是因为二氧化碳的影响性最大（它在大气中的浓度正不断上升）。虽然其他温室气体在大气中的浓度比二氧化碳低很多，但它们对红外线的吸收力却比二氧化碳好，所以，它们的潜在影响力比较大。

温室效应除了会令地球气温上升外，也可使沿海地区被海水淹没，虽然如此，若没有温室效应的话，地球表面的平均温度，将为 –18℃，而不是现在的 15℃。

化学与科技

绿色化学

绿色化学主要是关于环境的化学。绿色化学的12项原则：

1. 防止——防止产生废弃物要比产生后再去处理和净化好得多。

2. 讲原子经济——应该设计这样的合成程序，使反应过程中所用的物料能最大限度地进到终极产物中。

3. 较少有危害性的合成反应出现——无论如何要使用可以行得通的方法，使得设计合成程序只选用或产出对人体或环境毒性很小最好无毒的物质。

4. 设计要使所生成的化学产品是安全的——设计化学反应的生成物不仅具有所需的性能，还应具有最小的毒性。

5. 溶剂和辅料是较安全的——尽量不用辅料（如溶剂或析出剂），当不得已使用时，尽可能应是无害的。

6. 设计中能量的使用要讲效率——

尽可能降低化学过程所需能量，还应考虑对环境和经济的效益。合成程序尽可能在大气环境的温度和压强下进行。

7. 用可以回收的原料——只要技术上、经济上是可行的，原料应能回收而不是使之变坏。

8. 尽量减少派生物——应尽可能避免或减少多余的衍生反应（用于保护基团或取消保护和短暂改变物理、化学过程），因为进行这些步骤需添加一些反应物，同时也会产生废弃物。

9. 催化作用——催化剂（尽可能是具选择性的）比符合化学计量数的反应物更占优势。

10. 要设计降解——按设计生产的生成物，当其有效作用完成后，可以分解为无害的降解产物，在环境中不继续存在。

11. 防止污染进程能进行实时分析——需要不断发展分析方法，在实时分析、进程中监测，特别是对形成危害物质的控制上。

12. 特别是从化学反应的安全上防止事故发生——在化学过程中，反应物（包括其特定形态）的选择应着眼于使包括释放、爆炸、着火等化学事故的可能性降至最低。

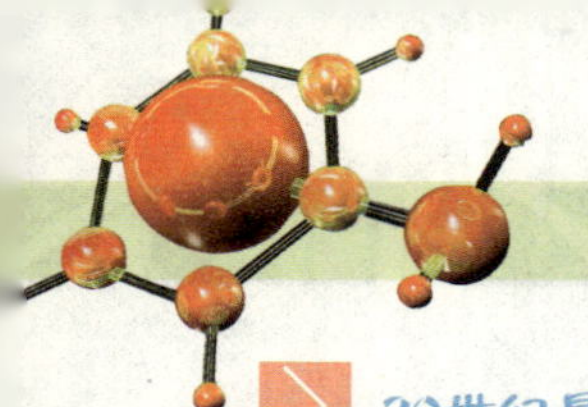

20世纪最糟糕的发明——塑料袋

100多年前，奥地利人马克斯·舒施尼发明了塑料袋，这种包装物既轻便又结实，在当时无异于一场科技革命。从此以后，人们外出购物时顿感一身轻松，不需要携带任何东西，因为商店、菜场都备有免费的塑料袋。可舒施尼做梦也没想到，到塑料袋百岁"诞辰"纪念日时，它竟然被评为20世纪人类"最糟糕的发明"。

塑料袋"糟糕"，是因为它是从石油或煤炭中提取的化学产品，一旦生产出来就很难自然降解，处理这些白色垃圾很多时候都只能挖土填埋或高温焚烧。据科学家测试，塑料埋在地下200年也不会腐烂降解，大量的塑料废弃物填埋在地下，会破坏土壤透性，使土壤板结，影响植物生长。如果家畜误食了混入饲料或残留在野外的塑料，会因消化道梗阻而死亡；而焚烧所产生的有害烟尘和有毒气体，同样会造成对大气环境的污染。

目前，中国塑料年产量为300万吨，消费量在600万吨以上。全世界塑料年产量为1亿吨，如果按每年15%的塑料废弃量计算，全世界年塑料废弃量就是1 500万吨，中国的年塑料废弃量在100万吨以上，废弃塑料在垃圾中的比例占到40%。人们把塑料给环境带来的灾难称为"白色污染"。联合国教科文卫组织有个形象的比喻，说如果把人们每年使用的塑料袋覆盖在地球表面，足以使地球穿上好几件"白色外衣"。

玻璃钢 >

玻璃硬而易碎，具有很好的透明性以及耐高温、耐腐蚀等性能；钢铁很硬并且不易碎，也具有耐高温的特点。于是人们开始想，如果能制造一种既具有玻璃的硬度、耐高温、抗腐蚀的性质，又具有钢铁一样坚硬不碎的特点，那这种材料一定会大有用途。

人们经过研究试验，终于制出了这样一种复合材料。它就是能与钢铁比肩而立的玻璃钢。

大家都知道，水泥块耐压，钢材耐拉。用钢材做筋骨，水泥砂石做肌肉，让它们凝为一体，互相取长补短，变得坚强无比——这就是钢筋混凝土。

同样，如我们用玻璃纤维做筋骨，用合成树脂（酚醛塑料、环氧树脂及聚酯树脂）做肌肉，让它们凝为一体，制成的材料，其抗拉强度可与钢材相媲美，因此得名叫玻璃钢。

玻璃钢是50多年来发展迅速的一种复合材料。玻璃纤维的产量的70%都是用来制造玻璃钢。玻璃钢坚韧，比钢材轻得多。喷气式飞机上用它做油箱和管道，可减轻飞机的重量。登上月球的宇航员们，他们身上背着的微型氧气瓶，也是用玻璃钢制成的。

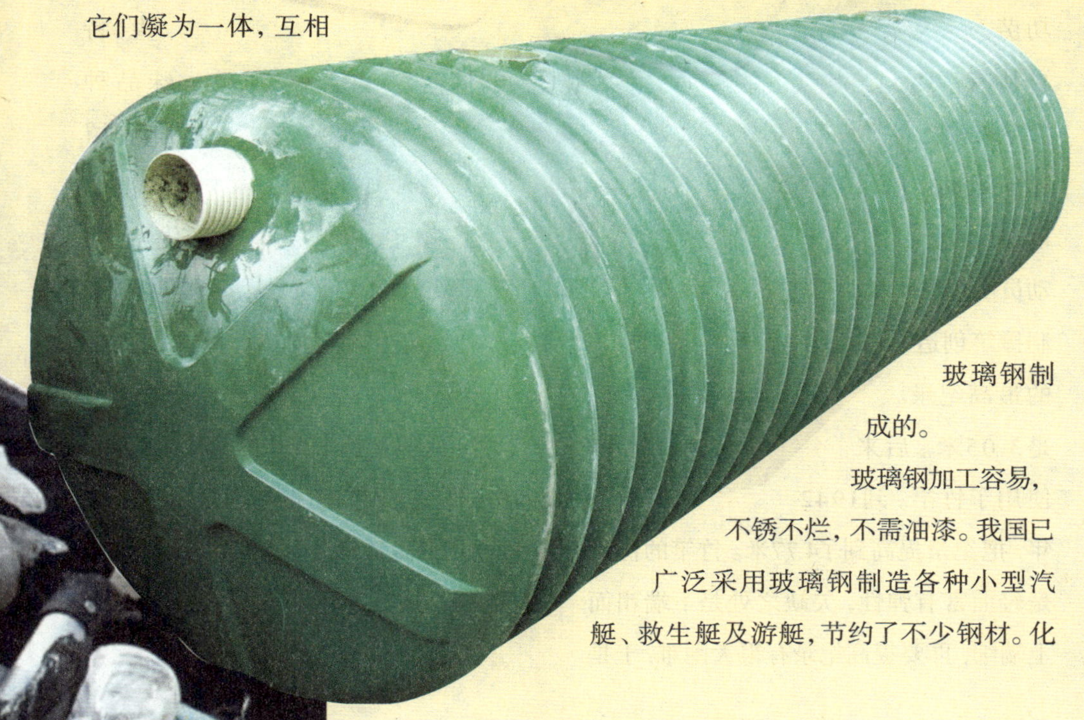

玻璃钢加工容易，不锈不烂，不需油漆。我国已广泛采用玻璃钢制造各种小型汽艇、救生艇及游艇，节约了不少钢材。化

工厂也采用酚醛树脂的玻璃钢代替不锈钢做各种耐腐蚀设备，大大延长了设备寿命。

玻璃钢无磁性，不阻挡电磁波通过。用它来做导弹的雷达罩，就好比给导弹戴上了一副防护眼镜，既不阻挡雷达的“视线”，又起到防护作用。现在，许多导弹和地面雷达站的雷达罩都是用玻璃钢制造的。

玻璃钢还为提高体育运动的水平立下了汗马功劳。自从有撑竿跳高这项运动以来，运动员使用木制撑竿创造的最高纪录是3.05米。后来使用了竹竿。到1942年，把纪录提高到了4.77米。竹竿的优点是轻而富有弹性，欠缺之处是下端粗而上端细，再要提高纪录有很大困难，于是人们又用铝合金竿代替竹竿，它虽然轻而牢固，但弹性不足。这样，从1942年到1957年，15年时间，撑竿跳高的最高纪录仅仅提高了1厘米。但自从新的玻璃钢撑竿出现以后，由于它轻而富于弹性，纪录飞速上升，如今的撑杆跳高纪录已经超过了6米大关。

在今天，玻璃钢也被大量应用在人们生活的各个方面，人们亲切地把它叫“玻璃钢”，由于它的某些特殊品种仍能保留许多玻璃的优点，如透明性，于是人们用它制作窗户玻璃，既能遮挡阳光中的紫外线，又能使居室明亮。人们还把它用来制作各种坚固耐用的生活日常用品。如浴具、厨房用具、梳洗用具等。

制盐制糖技术 >

“开门七件事，柴米油盐酱醋茶。”这油盐酱醋，从化学角度看，都是一些无机的或者有机的化合物。

先拿盐来说吧！有粗盐、细盐和精盐，但它们的化学成分都是氯化钠。

食糖呢？无论是红糖、白糖，还是冰糖，它们的主要成分都是蔗糖。

盐和糖为什么都有不同的花样呢？这是由于它们的纯度和结晶的大小不同。先看晒盐。在一望无垠的海滩上，海水被拦截在一方方盐池里，太阳把盐水晒干了，海水里溶解的氯化钠结晶出来。从1吨海水里可以得到约30千克食盐，这是粗盐。粗盐从海水里结晶出来的时候，难免夹带一些泥沙和杂质。海水里除了氯化钠以外，还有氯化镁、氯化钙等，它们也混在氯化钠里一块儿结晶出来。不过，这些杂质和氯化钠的脾气不同。氯化钠不吸湿，氯化镁、氯化钙很容易吸水返潮。厨房里的粗盐在阴雨天气变得湿漉漉的，就是这些杂质捣的鬼。粗盐经过再结晶，就得到精盐。精盐是比较纯净的氯化钠，长久存放仍然是干燥的。再看制糖。我国南方如湛江用甘蔗制糖，北方用甜菜制糖。最初得到的是红色的粗糖，叫做红糖。红糖的主要成分是蔗糖，此外，还夹杂着一些糖蜜和赤褐色的有机物质。糖蜜吸湿，所以，红糖容易结块。

把红糖溶解在水里，倒进一些活性炭，再煮一煮，搅动搅动，糖水的颜色就慢慢地由红色变成了浅黄色。这是由于活性炭里面有很多小洞洞，表面面积很大。红糖水流过活性炭时，有颜色的物质分子个儿比较大，正好镶嵌进小孔洞里，再也出不来了；个儿小得多的水和蔗糖分子畅通无阻地流过，自然就变成纯净的糖水啦。这样的糖水在真空器中蒸发、浓缩，糖水里出现了晶莹的细小颗粒，冷却以后，大批的白砂糖就从糖浆里结晶出来了。白糖里还含有一些水分，结晶也比较小。如果再经过反复的溶解、浓缩、冷却、结晶，就可以得到最纯净的蔗糖——大块结晶的冰糖了。

常见珠宝的化学成分 >

珠宝是珍珠与宝石的总称。珍珠是沙粒微生物进入贝蚌壳内受刺激分泌的珍珠质逐渐形成的具有光泽的美丽小圆体，化学成分是碳酸钙及少量有机物，除做饰物外，还有药用价值。而宝石一般来说是指硬度在7度以上，色泽美丽，受大气及药品作用不产生化学变化，产量稀少，极为宝贵的矿物。性优者如：金刚石、刚玉、绿柱玉、贵石榴石、电气石、贵蛋白石等；质稍劣者如：水晶、玉髓、玛瑙、碧玉、孔雀石、琥珀、石榴石、蛋白石等。

现对一些常见宝石的化学成分介绍如下：

• 金刚石

金刚石亦名金刚，俗称金刚钻、钻石或水钻，成分为 C，是碳元素的一种同素异形体，常为无色透明，硬度为 10，是矿物中最硬的。人工制造的又叫人造金刚石。

金刚石

刚玉

• 刚玉

刚玉　透明晶体，硬度为 9，仅次于金刚石，主要成分为 Al_2O_3，有无色、红色、蓝色、星彩的。无色透明的也叫白玉；含 Ti(= 4 * ROMAN IV) 或 Fe(= 2 * ROMAN II)、Fe(= 3 * ROMAN III)；呈蓝色的叫青玉，也叫蓝宝石；含 Cr(= 3 * ROMAN III) 呈红色的叫红玉，也叫红宝石；而呈现星彩的又叫星彩宝石。

• 绿柱石

绿柱石　亦称绿玉、绿宝石，透明至半透明晶体，硬度为7，多为翠绿、淡绿，亦有无色或蓝、黄、白、粉红色者，主要成分为 $3BeO \cdot Al_2O_3 \cdot 6SiO_2$。其中，含 CrO_3 呈翠绿者叫绿柱玉，又叫翠玉或祖母绿；含铁呈透明蓝色的叫海蓝宝石；含铯呈玫瑰色者叫玫瑰绿柱石。

绿柱石

黄玉

• 黄玉

黄玉　亦名黄晶，外形类似水晶，常为黄色，透明，硬度为8，主要化学成分为 $Al_2[SiO_4](F,OH)_2$。

• 硬玉

硬玉　与软玉通称为玉，成分为 $NaAl(SiO_3)_2$, 结晶或致密块状，有浓绿、淡绿或白色，绿色者常名翡翠，略透明，硬度为6.5~7, 较软玉难溶解。软玉的成分为 $Ca(Mg,Fe)_3(SiO_3)_4$，硬度为5.5~6。

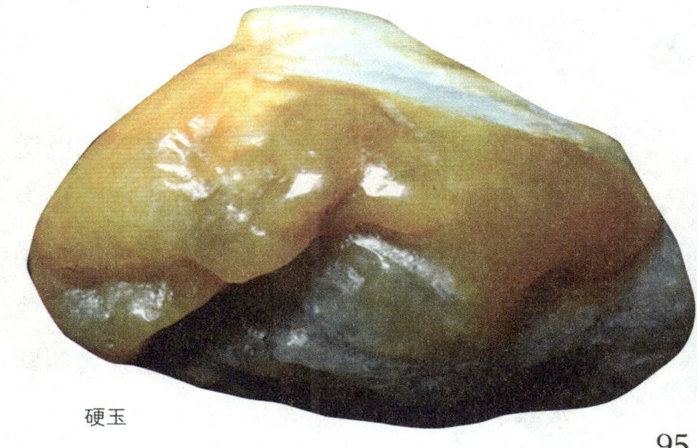

硬玉

石榴石

石榴石是一荧硅酸盐，成分不定，有以下式子：3RO·R₂·O₃·3SO₂，其中 R 代表钙、镁、铁或锰，又代表铝、铁、铬或钴，硬度为 6.5~7.5，透明至微透明，有的光性异常，呈双折射现象，色泽一般美丽。组成为 $Fe_3Al_2Si_3O_{12}$ 者名为贵石榴石，常为血红或粉红，外观略带黑色。

石榴石

蛋白石

蛋白石

蛋白石含水、二氧化硅，硬度逊于石英，表面常呈葡萄状，有白灰、黄褐等色，光泽似脂肪或珍珠，不透明至微透明。若为美丽乳房状，常呈红或绿色，光泽强，剖面能显各种美色之反光者，常称为贵蛋白石。

水晶

水晶　六方柱状纯石英晶体，无色透明，折射率大，其含有机物而显烟陶色者叫烟水晶（俗名茶晶），显黑者为黑烟水晶（俗名墨晶）。含氮的有机物呈褐色或黄色者叫褐石英或黄水晶。含锰而色紫者叫紫水晶。

水晶

• 玉髓

玉髓　透明或半透明，成分为 SiO_2，硬度为 7。有肉红、淡红、浓绿、血红等，不透明者即为玛瑙。

玉髓

• 碧玉

碧玉　是由硅质物质沉积而成，化学成分为 SiO_2，并含 Fe_2O_3，因含有铁质，故常呈各种颜色。其浓绿者极似浓绿玉髓，质致密不透明。

碧玉

- 琥珀

琥珀　成分为碳氢化合物（$C_{10}H_{16}O$），非晶体，透明至半透明，有赤褐等色，硬度为2~2.5，摩擦能生电。

琥珀

孔雀石

- 孔雀石

孔雀石成分为$Cu_2(OH)_2CO_3$，由含铜矿物受碳酸及水的作用而形成，光泽似金刚石，色翠绿，间有呈孔雀尾之彩纹。

含铅汽油对发动机性能和寿命的影响 >

无铅汽油正在我国迅速取代含铅汽油，众所周知，含铅汽油危害环境。但是，我们的认识仅仅停留在这个水平上是不够的。事实上，含铅汽油对发动机性能和寿命有不利影响。发达国家的大量调查研究已经证实，推广无铅汽油以后，汽车发动机的维护保养工作量明显减轻，发动机技术状态有所改善。

• 影响火花塞寿命

含铅汽油在燃烧过程中会形成铅盐。铅盐沉积在火花塞电极和绝缘体上。这种铅盐沉积物特别在发动机温度很高时具有导电性，在两个电极之间形成一条并联的旁通通路。这条通路使得一部分能量越过绝缘体不受控制地释放出来。结果，点火能量不能全部在两个电极之间的空间释放。使用无铅汽油时火花塞电极烧损可减少一半以上。因此，火花塞寿命可延长一倍。

火花塞

• 腐蚀发动机零件

为了防止铅盐在燃烧室内的过量沉积，含铅汽油必须添加卤素洁净剂。燃烧过程中这种洁净剂会生成氯化氢和溴化氢。这些反应生成物溶于同是燃烧产物的水，生成酸性介质，会强烈地腐蚀发动机的各种零件，如缸壁、活塞、活塞环和气门，特别是消声器。研究表明，使用无铅汽油时废气凝结物的 pH 值为 3.5~4.2，而使用含铅汽油时废气凝结物酸性更强一些，其 pH 值为 2.2~2.6。这种情况在不同的汽车运行方式和不同的消声器结构中有不同程度的表现。短程交通，例如都市中的出租车，受损害最大。阻性消声器又比抗性消声器更糟糕一些，因为阻性消声器中的矿渣棉充填物像海绵吸水那样吸收并储存有腐蚀性的凝结物。

冷却液进水管

冷却液温度传感器

散热器

冷却风扇

冷却液膨胀箱

汽车消声器

• 增加发动机磨损

含铅汽油中卤素洁净剂的反应产物明显提高了废气酸性组份的浓度。这些酸性组份进入曲轴箱，很大程度上耗尽了发动机机油的碱性储备及中性化能力，导致发动机磨损的增加。德国莱茵州技术监督局(TUV)对30辆警车进行的一项研究表明，使用无铅汽油时气门导管、连杆大头轴承和汽缸-活塞副的磨损都比较小，这归因于无铅汽油受酸性组份的污染较少以及燃烧产生的沉积物较少。

• 长期运行会提高耐辛烷值的要求

燃烧室中的积炭能大大增强发动机的爆震倾向和炽热点火倾向，所以，随着汽车行驶里程的积累，发动机对燃油辛烷值的要求会比新车高。使用无铅汽油时，如果运行条件使得温度超过大约 360℃的炭点燃温度，那么沉积起来的炭绝大部分会从燃烧室壁上烧掉。但是完全烧掉是不可能的，因为燃烧室壁和活塞顶部即使在全负荷时也很难超过 350℃ ~360℃的温度。使用含铅汽油时，通过燃烧，由烷基铅和洁净剂形成复杂的铅化合物，这些铅化合物最初和炭一起沉积，并在炭已经不能沉积的较高的发动机温度下凝结，形成一个薄层，以其隔绝作用阻止燃烧所必需的氧达到它下面的炭层，使得在继续运行的过程中沉积起来的炭无法烧掉。冷发动机的每次启动和暖机都产生新的由积炭和铅化合物形成的一套层状物。

燃烧室沉积物通常通过两种作用导致提高对辛烷值的要求：

由于沉积物使燃烧室容积缩小而提高了压缩比。

由于沉积物的隔热作用提高了终燃气体的温度并降低了通过燃烧室壁面的热传导，强烈地加热了新鲜混合气充量。

隔热作用对辛烷值要求有很大影响，所以使用无铅汽油时也会因其积碳（即使很少）的存在而导致其辛烷值的要求随着汽车行驶里程的积累而提高。

然而，总的来说可以确定，使用无铅汽油时，运行较长时间后不会引起比使用含铅汽油时更高的辛烷值要求。

- 缩短机油更换间隔

既然含铅汽油会增加发动机腐蚀和磨损，燃烧室内还会生成含铅沉积物，那么腐蚀产物、磨粒和铅沉积物进入机油就会改变机油黏度，使机油变质。在美国，通常使用含铅汽油的发动机机油更换间隔不超过 6 400~9 600 千米，而使用无铅汽油的发动机机油更换间隔可延长到 12 000 千米，甚至达到 2 4000 千米。

煤气是从哪里来的

在有些家庭里，人们烧水煮饭不用木柴，也不用煤炭，而是用煤气。有了煤气可方便啦，当你需要火的时候，只需拧动煤气灶上的开关，或划根火柴把煤气点燃就行了，而且火的大小可随意调节。你看这有多好！可是煤气是从哪里来的呢？

有人说："这煤气是从煤气厂沿着管道跑来的。"对，一点不错，可是煤气厂的煤气又是从哪里来的呢？煤气厂的煤气来源并不相同，有的是从开采天然煤气中得来的，有的是用煤、油等作为原料用人工的方法制造出来的。

制造煤气的方法很多，由于方法不同，制造出来的煤气也不一样。例如有：焦炉煤气、发生炉煤气、水煤气、油煤气、人工"沼气"、高炉煤气、裂化煤气等等很多种。这里让我们来看看几种常用的煤气制造方法，看看煤气究竟是怎么制造出来的吧！

炼焦是一种比较常见的制气方法。我们平时烧东西吃，大多把食品放在锅里，盖上锅盖，在锅底下生火加热，把食品烧熟。炼焦制气的情况与这很相似，只是"锅"里不是放食品，而是放上原煤。一般是先把原煤

打碎，用水洗干净，再按一定的配方将不同的煤种混合起来，送入用耐火砖特制的“锅”——炼焦炉。炼焦炉的炉膛很像一只只扁的箱子，箱子的两端各有一扇炉门，就像是锅的锅盖，以便出焦。煤被密封在炉膛里，与外面的空气隔绝，箱子两旁紧贴着火道，火道内通常用煤气来燃烧加热，这样炉内原煤的温度就逐渐上升。当温度达500℃~550℃时，原煤开始强烈地分解，产生煤气和焦油，炉膛里的生煤就逐渐变成熟煤。随着温度继续上升到1 000℃~1 100℃时，煤和焦油再次分解，这时主要的产品就是煤气了。煤气从炉顶预先装好的管子中排出去了。通过水洗及其他净化的方法，把杂质除掉以后，就成为焦炉煤气。留在水里的黑色胶状液体称为煤焦油，炉子里剩下的残渣冷却后就是焦炭。

另一种常见的制气方法，是采用发生炉制造煤气，煤在发生炉中点火燃烧后，如果我们把通过炉底的空气加以限制的话，炉内的煤就得不到足够的氧气，

煤中的碳元素就不能充分氧化，因而产生大量的一氧化碳——煤气。用这种气化的方法生产煤气时，从炉顶排气管中所排出来的气体，主要是由一氧化碳、二氧化碳以及氮气组成的。

当水倒在正燃烧的煤上面，立刻就有一股白色热气喷出来，这就是水煤气。水煤气的制造方法，是把煤放火炉内，用火点着，并在炉底用鼓风机吹入空气，使煤炽烈地燃烧，之后停掉鼓风机，并依次从炉底和炉顶喷水蒸气。喷入的水蒸气与炽热的煤化合，就产生大量的氢气和一氧化碳，再与空气中的氮气和剩余的水蒸气混合，就成了水煤气。在喷入水蒸气以后，煤火逐渐熄灭，这时要注意控制，应在煤火还没有完全熄灭以前，停喷水蒸气，再次开动鼓风机，使煤火再烧旺起来，这样交替操作，就可连续产生水煤气。

制造煤气的方法还有很多，而且还在不断发展。国外已有很多种新的气化工艺，如高压气化，加氧、加氢作为气化剂，液态排渣等等，并已研究了很多种用不同煤种生产高热值煤气的方法，这方面的前景是很广阔的。

不锈钢为何"不锈" >

• 不锈钢经历水洗风蚀为何能保持"不锈"

不锈钢产品广泛应用于各行各业，并渐成百姓日常生活用品"主角"，但大多数消费者并不知道其"不锈"的"秘密"。专家称，不锈钢制品之所以能够经历水洗风蚀乃至更恶劣的环境而保持不锈，主要依赖其中的合金元素铬 (Cr)。

不锈钢专家、高级经济师郝培钢说，不锈钢是不锈钢和耐酸钢的简称或统称，是在空气和淡水中或化学腐蚀介质中能够抵抗腐蚀的一种高合金钢。通俗地说，不锈钢就是不容易生锈的钢，其中铬 (Cr) 起着决定性作用。

郝培钢说："每种不锈钢都必须含有一定数量的铬。迄今为止，还没有不含铬的不锈钢。向钢中添加一定比例的铬作为合金元素以后，钢表面自动形成一层非常薄的无色透明且非常光滑的富铬的氧化物膜(即钝化膜)，这层膜的形成大大减缓了钢的氧化。它同时还具有自我修复的能力，如果一旦遭到破坏，钢中的铬会与介质中的氧重新生成钝化膜，继续起保护作用。"

据介绍，在不锈钢加工过程中，除了添加一定比例的铬元素外，还会添加镍、钼、氮等元素，以强化其耐蚀性，增强其强度、韧度，并使其具备良好的加工工艺能力。在各种元素的共同影响下，才能加工出种类繁多的不锈钢制品。

• 识别真假不锈钢要有点“数学”头脑

不锈钢制品目前已大量走入寻常百姓家，然而很多消费者在购买时仍存疑惑——究竟该怎样来辨别其真假?

不锈钢专家、高级经济师郝培钢说，社会上流传可以通过“有磁”或“无磁”来识别不锈钢的真假，但这种方法并不可靠。因为现在很多高级别不锈钢制品也是有磁性的，而且目前市场上有很多假冒伪劣不锈钢制品也能做到“无磁”。

郝培钢建议，老百姓在购买不锈钢制品时，可向销售者索要产品质量保证书，并看一下上面的“铬 (Cr)”，是否大于等于10.5%；再按照上面的化学成分，计算一下“铬 (Cr)”+3.3 倍的“钼 (Mo)”+30 倍的“氮 (N)”－“锰 (Mn)”，是否大于等于 10。小于 10 的肯定是假冒伪劣不锈钢产品。

专家提醒说，普通消费者如果要购买不锈钢管之类的常用家庭装饰材料时，应去钢材市场购买，而不要去装饰城之类的装饰材料市场，以保证购买货真价实的不锈钢产品。

• “不锈钢”制品也需精心养护

不锈钢制品能永远不锈吗？答案是否定的。不锈钢专家、高级经济师郝培钢提醒说，真正的不锈钢制品如果使用不当，也会导致其生锈，因此日常用的不锈钢器皿等用品需要精心养护。

郝培钢说，不锈钢制品保持不锈的原因在于其表面附着一层保护膜，即富铬的氧化物膜（钝化膜）。如果这层膜受到擦划伤污染物污染或者酸、碱、盐等介质腐蚀，不锈钢制品就会生锈。

专家说，在日常生活中，应对不锈钢制品进行精心养护。首先应在合适的地区选择合适的不锈钢制品，如在空气中含有大量盐分的海滨地区要使用 316 材质不锈钢；其次不要擦划伤不锈钢制品，以保护富铬氧化物膜的完整；最后应经常清洗不锈钢制品，尤其是污染较重地区，避免富铬氧化物膜遭到腐蚀。

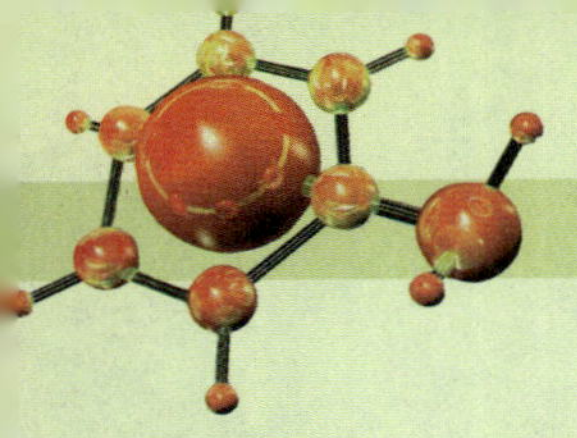

化学灭火

家里煮饭、取暖，工厂里烧锅炉，都少不了火。人离了火是不行的。但是，如果用火时不小心，就会造成火灾。因此，我们必须注意防火，在发生火灾时，要会使用灭火器，及时把火扑灭。

新建住宅的门框边，往往挂着一个密封的玻璃球，那是四氯化碳灭火弹。

学校、商店、工厂里，在显眼的地方，墙上都挂着刷红漆的钢筒，那是泡沫灭火器。油漆店、汽油站、化学实验室的灭火器常常连着一个喇叭口的圆筒。发生火灾时，在报告消防队的同时，要迅速从墙上摘下灭火器，赶到现场。只要把灭火器倒立过来，马上就会有一股强大的气流从喷嘴里喷射出来，对准火焰扫射，熊熊烈火就可以很快扑灭了。这股强大的气流是二氧化碳气。它既不能燃烧，又不帮助燃烧，还比空气重得多。二氧化碳盖在燃烧物质的上面，就像盖了一层棉被，使燃烧物质和空气隔绝开来。火焰得不到氧气，无法再继续燃烧下去。于是，火被扑灭了。

水基型灭火器

推车贮压式干粉灭火器

• 灭火器里这么多二氧化碳气是什么物质变化来的

原来钢筒里贮藏着两种化学物质：碳酸氢钠和硫酸。平时，这两种物质用玻璃瓶隔开分住两处，各不相扰。当灭火器头倒过来时，它俩混到一块儿，发生化学反应，产生大量二氧化碳气。把硫酸换成硫酸铝，再配上点发泡剂，就成为泡沫式灭火器。它也同样产生二氧化碳气流，同时带有大量泡沫，可以飘在油面上帮助灭火。

喇叭口式灭火器，里头不装化学药品，直接装着二氧化碳，那是用强大的压力把二氧化碳压进钢瓶，使它变成液体。二氧化碳气变成液体以后，体积缩小很多。这样，一个不大的钢瓶内的液体二氧化碳，再变成气体时，就可以充满好几个房间。像液化石油气罐一样，灭火器平时紧闭阀门。救火时一拧开阀门，强大的二氧化碳气流就通过连接着的喇叭口向火焰喷去。这带喇叭的圆筒，就是二氧化碳灭火器。

另外，有的灭火弹里装的是四氯化碳。四氯化碳灭火的道理和二氧化碳一样。平时四氯化碳是液体，在火焰附近遇热，很容易变成气体。它比同体积的空气重得多，也能紧紧地包围住火焰，隔断氧气的来路。四氯化碳灭火效果很好，由于它不导电，尤其适用于电线、电器着火时的扑救。居民住宅备上它，有点小火用它来扑灭，见效快，还不污损室内陈设。

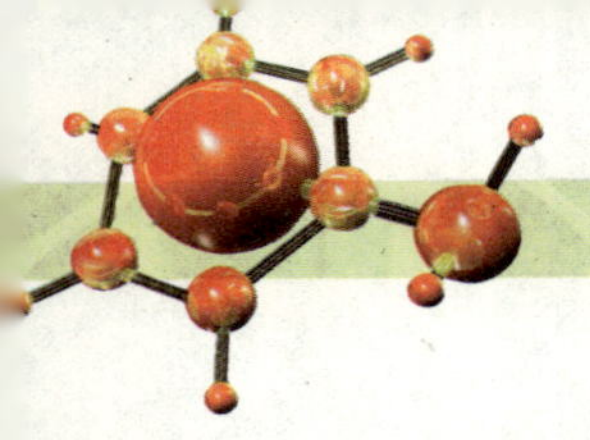

手表里的钻

你注意观察过机械手表吗？在它的盘面上，可以看到“17钻”或者“19钻”等字样。这是表示，手表里有17粒或19粒钻石。钻石，原来是指金刚石，也就是金刚钻。后来，人们把其他一些坚硬的宝石也叫做钻石。国外生产的手表盘上标着“17 Jewels”，“Jewel”就是宝石的意思。

手表的钻数越大，质量越好。一般的闹钟没有钻数，标明“5钻”、“7钻”的钟就是上好的品种了。钟表里为什么要用宝石呢？拆开钟表，你会看到它的“五脏六腑”是许多小齿轮。齿轮不停地转动，带动秒针、分针和时针准确地向前移动。支架齿轮的轴承必须经受住无数次的摩擦而很少损耗变形，才能保证钟表报时的准确。

这坚硬、耐磨的轴承是由人造红宝石制成的。钟表里有多少个这样的宝石轴承，就标明是多少钻。

自然界的宝石十分珍贵。它们都是在特殊的地质、压力和温度条件下生成的晶体。它们非常稀罕，又晶莹瑰丽，坚硬非凡。宝石之王——金刚石，采掘起来非常困难。在矿区，往往要劈开两吨半岩石，才可能获得1克拉金刚石。1979年全世界挖到的金刚石仅1 000多万克拉，一辆卡车即可载走。名贵的金刚钻价值连城，成为稀罕的珍宝。金刚钻用在工业上，是无坚不摧的“切割手”。

“没有金刚钻，莫揽瓷器活”，玻璃刀上有一小粒金刚石，切割玻璃全靠它。金刚石车刀削铁如泥，金刚石钻头钻探速度高，进尺深。闪烁着星光的红宝石和蓝宝石，也叫刚玉宝石。而做手表需要的钻石却越来越多，于是，人们在想：能不能搞人造宝石呢？要制造宝石，先得知道宝石的化学成分，红、蓝宝石的化学成分是极普通的三氧化二铝。我们脚下的泥土里就含有不少三氧化二铝。不过，红宝石、蓝宝石是纯净的三氧化二铝，微量的铬使它显出漂亮的鲜红色。于是，人们从铝矾土中提炼出纯净的三氧化二铝白色粉末，再将它放在高温单晶炉里熔融、结

晶，同时掺进微量的铬盐，这样就得到了人造红宝石。人造红宝石除了做手表里的“钻”、精密天平的刀口和电唱机里的唱针外，还是激光发生器的重要材料，它可以产生深红色的激光。激光的用处可大啦，激光手术刀、光雷达、光纤通信、激光钻孔……都离不开它。最古老的装饰品、稀世的珍宝竟成为工业产品、现代科技的重要角色。

铅笔的绝招

谁都知道，铅笔是用来写字的，但它另有绝招——能医锈锁。

生锈的锁打不开，在进钥匙的孔内加一点铅笔芯粉末，往往就能打开锈锁。

铅笔芯怎么会有这种绝招呢？原来，铅笔芯里含有石墨，而石墨有润滑性。用手摸摸铅笔芯的粉末，会有一种滑腻的感觉。所以，铅笔芯能润滑锈锁。

石墨熔点很高，达300多摄氏度。作为润滑剂，它特别适用于在高温状态下工作的机器。在高温下，一般机油会分解，然而，石墨却“安然无恙”，继续发挥润滑作用。

有一种轴承，它在成形时加进了石墨粉。这种轴承能长期工作而不必加油滑润，它自身有石墨在起润滑作用。这是多么巧妙的轴承啊。

在直升飞机机舱的门纽上，已经大量使用新型高精度的纯石墨轴承。这种轴承既耐低温又耐高温，特别令人惊叹的是，在真空条件下，它仍能保持良好的润滑性。

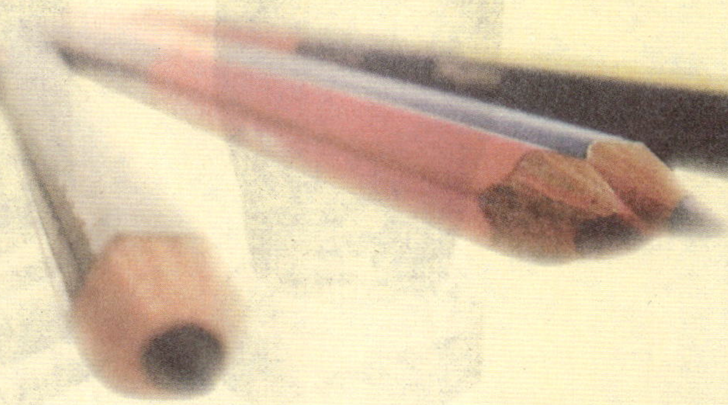

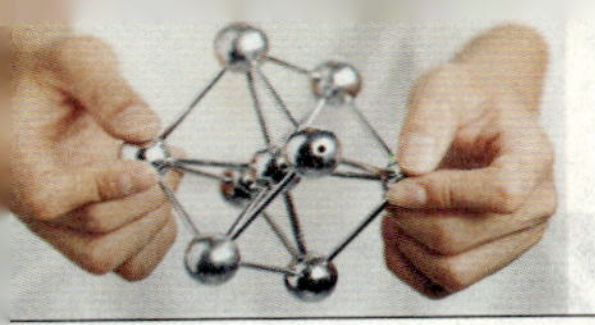

化学与战争

武器的灵魂——火药

火药最早是由中国劳动人民发明制造的，当初主要用于医药。据《本草纲目》记载，火药有去湿气，除瘟疫，治疮癣的作用，后来火药传至欧洲才用于军事。军事上黑火药的成分是：75%的硝酸钾，10%的硫，15%木炭（有时火药也呈褐色，也叫褐火药）。黑火药极易剧烈燃烧，同时，燃烧产生的热使气体瞬间剧烈膨胀，发生爆炸。

随着军事化学的发展，出现了比黑火药爆炸威力更大的烈性炸药。一般是含硝基的有机化合物，首先是苦味酸即黄色炸药，由苯酚制成。

恐怖的云海——烟幕弹

大家知道，化学中的“烟”是由固体颗粒组成，“雾”是由小液滴组成，烟幕弹的原理就是通过化学反应在空气中造成大范围的化学烟雾。例如装有白磷的烟雾弹引爆后，白磷迅速在空气中燃烧，反应方程式为：$4P+5O_2=2P_2O_5$，P_2O_5会进一步与空气中的水蒸气反应生成偏磷酸和磷酸，并且偏磷酸有毒。反应方程式为：$P_2O_5+H_2O=2HPO_3$，$2P_2O_5+6H_2O=4H_3PO_4$，这些酸液滴与未反应的白色颗粒状P_2O_5悬浮在空气中，便构成了“云海”。

同理，四氯化硅和四氯化锡等物质也极易水解。

$SiCl_4+4H_2O=H_4SiO_4+4HCl$，$SnCl_4+4H_2O=Sn(OH)_4+4HCl$，也就是它们在空气中形成HCl酸雾，所以也可用作烟幕弹。在第一次世界大战期间，英国海军就曾用飞机向自己的军舰投放含$SnCl_4$和$SiCl_4$的烟幕弹，从而巧妙地隐藏了军舰，避免了敌机轰炸。现代有些新式军用坦克所用的烟幕弹不仅可以隐蔽物理外形，烟雾还有躲避红外激光、微波的功能，达到真的“隐身”。

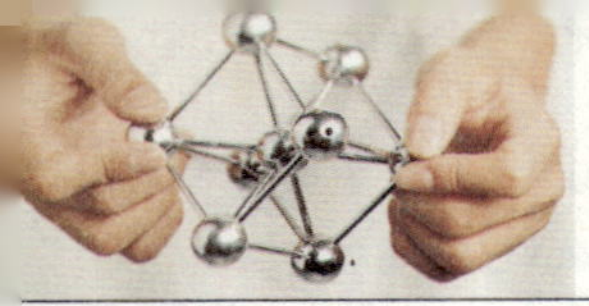

致命的火神——燃烧弹

看过《拯救大兵瑞恩》吗？里面有一个美军用燃烧弹烧死坑道中敌兵的镜头，这就是燃烧弹在现代坑道战、堑壕战中的作用之一。由于汽油密度较小、发热量高、价格便宜，所以被广泛用作燃烧弹原料。加入能与汽油结合成胶状物的黏合剂，就制成了凝固汽油弹。为了攻击水中目标，有的还在凝固汽油弹里添加活泼碱金属和碱土金属钾、钙、钡，金属与水结合放出的氢气又发生燃烧，提高了燃烧威力。

对于有装甲的坦克，燃烧弹自有对付的高招，由于铝粉和氧化铁能发生壮观的铝热反应，$2Al+Fe_2O_3=Al_2O_3+Fe+Q$，该反应放出的热量足以使钢铁熔化成液态，所以用铝剂制成的燃烧弹可熔掉坦克厚厚的装甲，使其望而生畏。另外，铝热剂燃烧弹在没有空气助燃时也可照样燃烧，大大扩展了它的应用范围。

战场上的魔影——化学武器

海湾战争后，联合国武器核查伊拉克的重要目的之一就是清除其化学武器，可见化学武器的致命威力。历史上第一次应用化学武器是在1915年4月22日，德国军队在比利时战场大规模使用氯气，造成英法联军1.5万人中毒，其中5 000人死亡。带有苦仁味的氢氰酸更是杀人不见血。在二战中，德国法西斯在波兰的奥斯威辛集中营，用易挥发的氢氰酸杀害了几百万难民。

现代毒剂化学发展更是造就了许多极毒的化学武器，例如能散发诱人的苹果香味的神经性毒剂沙林，能使全身糜烂的毒剂芥子气，能使人窒息死亡的“光气”（$COCl_2$），能破坏人中枢神经系统高级调节功能的毒剂，现在还有被称为第二代化学武器的二元毒气弹，这是两种被分开的无毒化学品，引爆后两种无毒物质会立刻化合形成有毒气体。

以上只是化学在军事武器应用中的一小部分，其实，化学在军事领域中无处不在。例如，照明弹中装有镁铝和硝酸钠、硝酸钡等物质。引爆后，镁在空气中迅速燃烧，放出含紫外线的耀眼白光，同时放出热量使硝酸盐分解出氧气又进一步促进镁、铝燃烧；催泪弹中装有易挥发的液溴，它能刺激人的敏感部位——眼、鼻等器官黏膜，催人泪下。有时还装有毒剂西埃斯，它引起大量流泪，剧烈咳嗽，喷嚏不止，让人难以忍受，严重可导致死亡；利用焰色反应可制出各种颜色的信号弹；铁氧体的化学涂料，能吸收雷达波，可用于隐身飞机外表涂层；用AgI或干冰人工催化降雨作业，可形成暴雨、洪水，成为“气象武器”等等。

生活中的化学现象

1.在山区常见粗脖子病（单纯性甲状腺肿大）、呆小症（克汀病），医生建议多吃海带，进行食物疗法。上述病患者的病因是人体少缺一种元素：碘。

2.用来制取包装香烟、糖果的金属箔（金属纸）的金属是：铝。

3.黄金的熔点是1 064.4℃，比它熔点高的金属有很多。其中比黄金熔点高约3倍，通常用来制白炽灯泡灯丝的金属是：钨。

4.有位妇女将6.10克的一个旧金戒指给金银匠加工成一对耳环。她怕工匠偷金或掺假，一直守在旁边不离开。她见工匠将戒指加热、捶打，并放入一种液体中，这样多次加工，一对漂亮的耳环加工完毕了。事隔数日，将这对耳环用天平称量，只有5.20克。那么工匠偷金时所用的液体是：王水。

5.黑白相片上的黑色物质是：银。

28/95 PS 6 Cilinder Mercedes Cardanwagen Sport-Phaeton 1921.

6.很多化学元素在人们生命活动中起着重要作用，缺少它们，人将会生病。例如儿童常患的软骨病是由于缺少：钙元素。

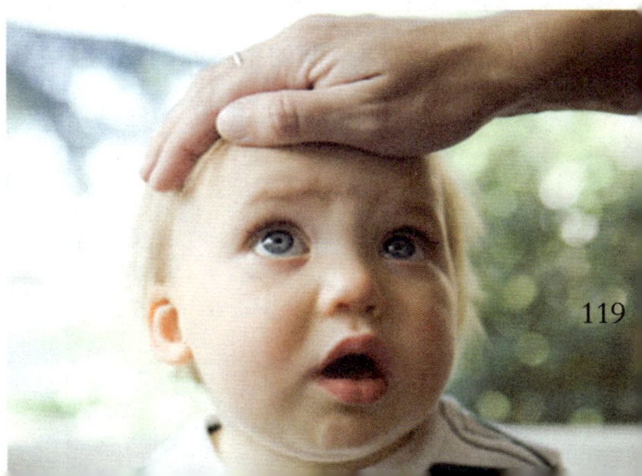

7.在石英管中充入某种气体制成的灯，通电时能发出比荧光灯强亿万倍的强光，因此有“人造小太阳”之称。这种灯中充入的气体是：氙气。

8.在紧闭门窗的房间里生火取暖或使用热水器洗澡，常产生一种无色、无味并易与人体血红蛋白（Hb）结合而引起中毒的气体是：一氧化碳。

9.地球大气层的被破坏，则形成臭氧层空洞，致使人们抵御太阳紫外线伤害的臭氧层受到损坏，引起皮肤癌等疾病的发生，并破坏了自然界的生态平衡。造成臭氧层空洞的主要原因是：温室效应和冷冻机里氟利昂泄漏。

10.医用消毒酒精的浓度是：75%。

11.医院输液常用的生理盐水，所含氯化钠与血液中含氯化钠的浓度大体上相等。生理盐水中NaCl的质量分数是：0.9%。

12.发令枪中的“火药纸”（火子）打响后，产生的白烟是：五氧化二磷。

13.萘卫生球放在衣柜里变小，这是因为：萘在室温下缓缓升华。

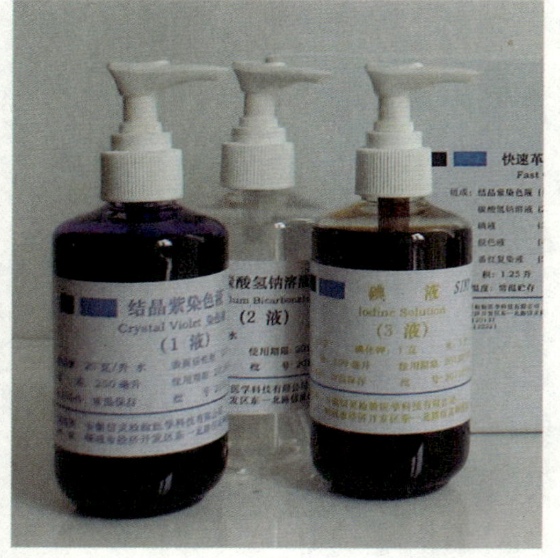

14.人被蚊子叮咬后皮肤发痒或红肿，简单的处理方法是：擦稀氨水或碳酸氢钠溶液。

15.因为某气体在大气层中过量累积，使地球红外辐射不能透过大气，从而造成大气温度升高，产生了“温室效应”。此气体为：二氧化碳。

16.酸雨是指pH值小于5.6的雨、雪或者其他形式的大气降水。酸雨是大气污染的一种表现。造成酸雨的主要原因是：燃烧燃料放出的二氧化硫、二氧化氮等造成的。

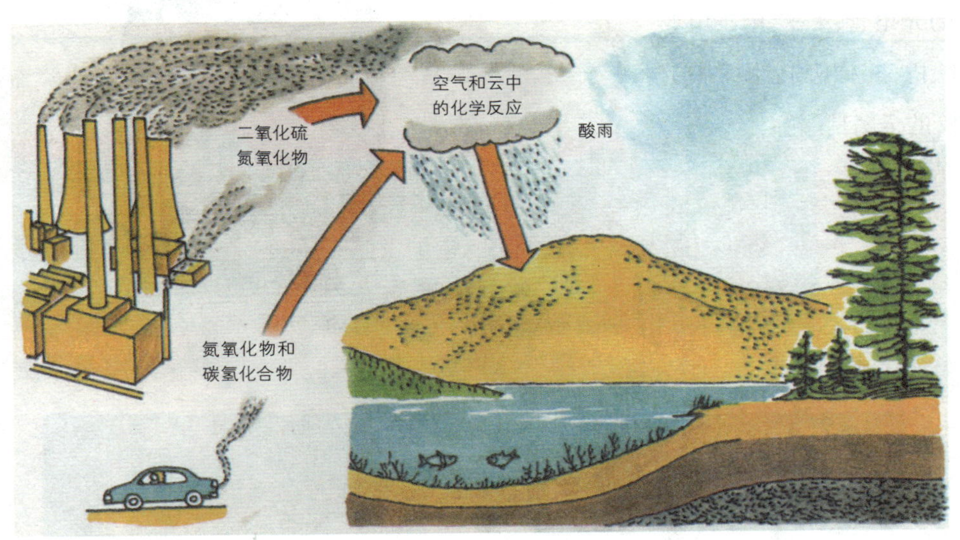

17.在五金商店买到的铁丝，上面镀了一种“防腐”的金属，它是：锌。

18.全钢手表是指它的表壳与表后盖全部是不锈钢制的。不锈钢锃亮发光，不会生锈，原因是在炼钢过程中加入了：铬、镍。

19.根据普通光照射一种金属放出电子的性质所制得的光电管，广泛用于电影放映机、录像机中。用来制光电管的金属是：铯。

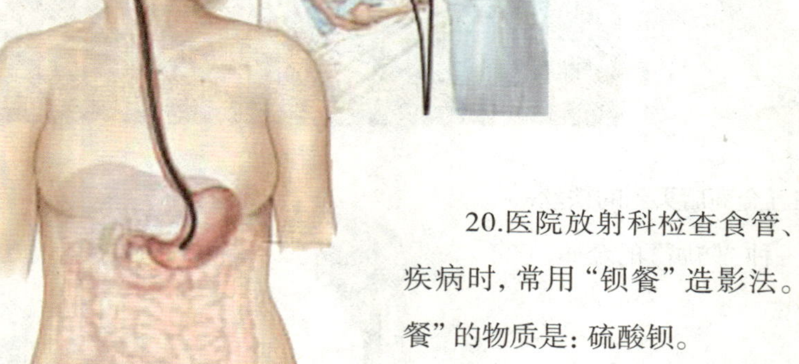

20.医院放射科检查食管、胃等部位疾病时，常用“钡餐”造影法。用做“钡餐”的物质是：硫酸钡。

21.世界闻名的制碱专家侯德榜先生，在1942年发明了侯氏制碱法。所制得的碱除用于工业之外，日常生活中油条、馒头里也加入一定量这种碱。这种碱的化学名称是：碳酸钠。

22.现代建筑的门窗框架，有些是用电镀加工成古铜色的硬铝制成，该硬铝的成分是：Al—Cu—Mg—Mn—Si合金。

23.氯化钡有剧毒，致死量为0.8克。不慎误服时，除大量吞服鸡蛋清解毒外，并应加服一定量的解毒剂，此解毒剂是：硫酸镁。

24.印刷电路板常用化学腐蚀法来生产。这种化学腐蚀剂是：氯化铁。

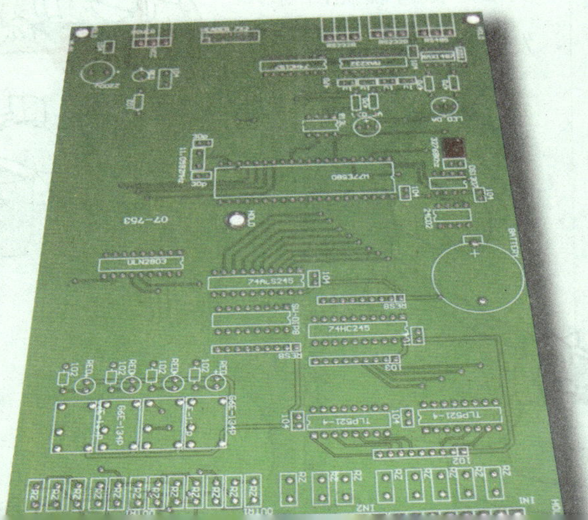

25.液化石油气早已进入家庭。它的主要成分是：丙烷和丁烷。

26.天然气主要成分为甲烷。若有一套以天然气为燃料的灶具改烧液化石油气，应采用的正确措施是：增大空气进入量或减少液化气进入量。

27.装有液化气的煤气罐用完后，摇动时常听到晃动的水声，但这种有水声的液体决不能私自乱倒，最主要的原因是：这种液体是含碳较多的烃，和汽油一样易燃烧，乱倒易发生火灾等事故。

28.录音磁带是在醋酸纤维、聚酯纤维等纤维制成的片基上均匀涂上一层磁性材料——磁粉制成的。制取磁粉的主要物质是：四氧化三铁。

29.泥瓦匠用消石灰粉刷墙，常在石灰中加入少量的粗食盐，这是利用粗食盐中含有的易潮解的物质潮解，有利于二氧化碳的吸收。这种易解潮的物质是：氯化镁。

30.我国古代书法家的真迹能保存至今的原因：使用墨汁或碳素墨水，使字迹久不褪色，这是因为碳的化学性质稳定。

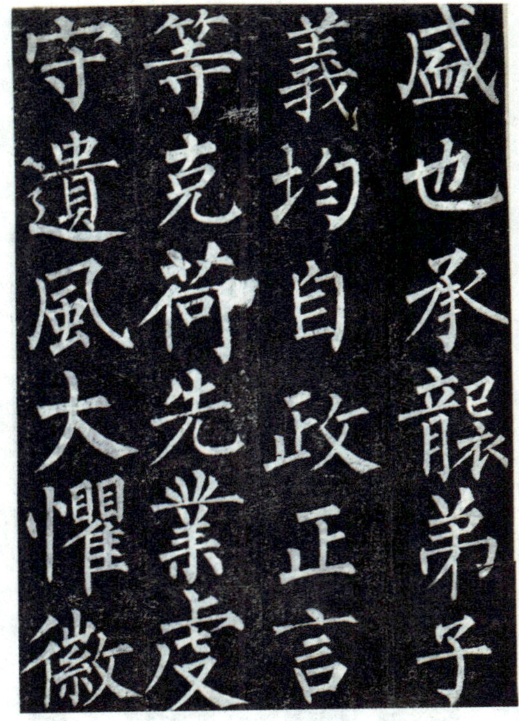

中国古代著名书法家柳公权字帖

邹临风书画印

31.在字画上常留下作者的印鉴，其印鉴鲜艳红润，这是因为红色印泥含有不褪色、化学性质稳定的红色物质，它应是：朱砂（硫化汞）。

32.随着人们生活水平的提高，黄金首饰成为人们喜爱的装饰品。黄金制品的纯度单位用K表示。24K通常代表足金或赤金，实际含金量为99%以上。金笔尖、金表壳均为14K，它们通常的含金量为：不低于56%。

33.吸烟能引起支气管炎、心血管病，还能诱发肺癌、口腔癌、胃癌、膀胱癌等癌症，所以说吸烟是慢性自杀。世界卫生大会规定每年4月7日为“世界戒烟日”。据分析可知，烟草成分中危害性最大的物质主要有：尼古丁和苯并芘。

34.潜水艇在深水中长期航行，供给船员呼吸所需氧气所用的最好物质是：过氧化钠。

35.变色眼镜用的玻璃片在日光下能变深色，是因为：在玻璃中加入了适量的卤化银晶体和氧化铜。

36.铅中毒能引起贫血、头痛、记忆减退和消化系统疾病。急性中毒会引起慢性脑损伤并常危及生命。城市大气中铅污染主要来源是：汽车尾气。

37.盛在汽车、柴油机水箱里的冷却水，在冬天结冰后会使水箱炸裂。为了防冻，常加入少量的：乙二醇。

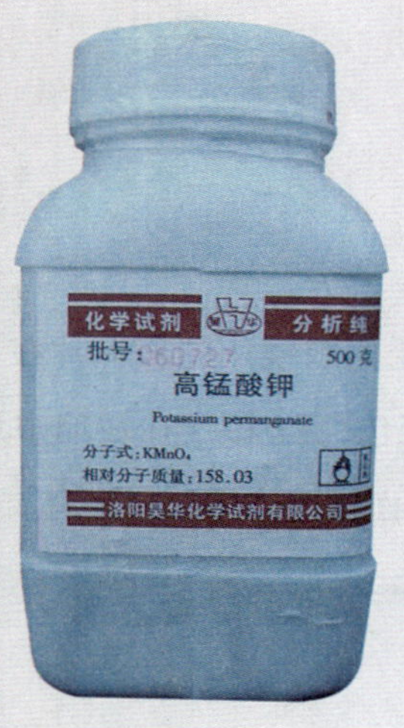

38.医院里的灰锰氧或PP粉是：高锰酸钾。

39.高橙饮料、罐头中的防腐剂是：苯甲酸钠。

40.水壶、保温瓶和锅炉中水垢的主要成分是：碳酸钙和氢氧化镁。

41.不能用来酿酒的物质是：黄豆。能用来酿酒的物质是：谷子、玉米、高粱、红薯等。

42.剧烈运动后，感觉全身酸痛，这是因为肌肉中堆积了：乳酸。

43.营养素中，发热量大且食后在胃肠道停留时间最长（有饱腹性）的是：脂肪。

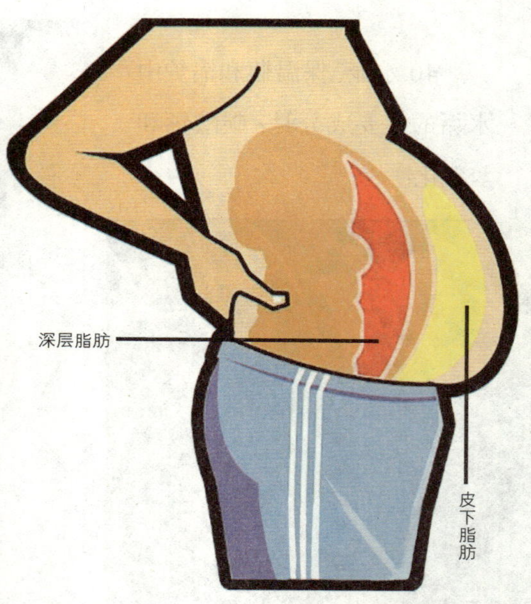

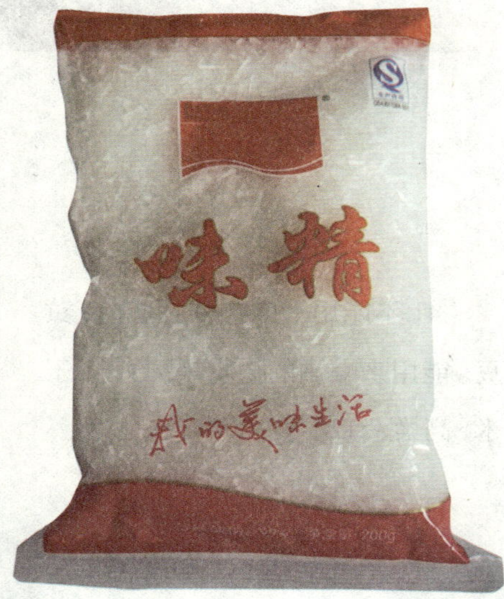

44.味精又叫味素，它有强烈的肉鲜味，它的化学名称是：2–氨基丁二酸一钠（谷氨酸钠）。

45.在霜降以后，青菜、萝卜等吃起来味道甜美，这是因为青菜里的淀粉在植物内酶的作用下水解生成：葡萄糖。

46.为什么古人“三天打鱼，两天晒网”？因为过去的渔网是用麻纤维织的，麻纤维吸水易膨胀，潮湿时易腐烂，所以渔网用上两三天后晒两天，以延长渔网的寿命。现在用不着这样做，这是因为现在织渔网的材料一般选用：尼龙纤维。

47.电视中播放文艺演出时，经常看到舞台上烟气腾腾，现在普遍用的发烟剂是：乙二醇和干冰。

48.用自来水养金鱼时，将水注入鱼缸以前需在阳光下晒一段时间，目的是：使水中次氯酸分解。

49.若长期存放食用油，最好的容器是：玻璃或陶瓷容器。

聚四氟乙烯

50.不粘锅之所以不粘食物，是因为锅底涂上了一层特殊物质："特富隆"，其化学名叫聚四氟乙烯，俗名叫塑料王。

体育赛事中的化学知识

1. 运动会上用的发令响炮，发令时会产生大量白烟。这是因为：发令响炮是用氯酸钾和红磷混合制成的，发令时这些药品受到撞击，氯酸钾迅速分解，产生的氧气立即与红磷反应生成五氧化二磷，五氧化二磷为白色粉末，分散到空气中会形成大量白烟。

2. 为什么游泳池里的水是湛蓝色的？那是因为工作人员在游泳池里撒了适量胆矾（化学式为 $CuSO_4 \cdot 5H_2O$）的缘故，硫酸铜可以起杀菌、消毒作用，从而确保运动员的身体健康。

3. 举重运动员在举重前将双手伸入盛有白色粉末的盆中，然后摩擦手心。此白色粉末为碳酸镁，俗称“镁粉”。它有很好的吸水性，能增大器械与手掌间的摩擦，使运动员能牢固握住杠铃。

4. 体操运动员在做单杠运动前双手也涂上白色粉末，但这种白色粉末是滑石粉，主要成分为硅酸镁，具有滑腻感，能减少手心与单杠间的摩擦力，使运动员做动作时灵活自如。

图书在版编目（CIP）数据

化学是你，化学是我／于川编著．－北京：现代出版社，2013．2

ISBN 978-7-5143-1406-9

Ⅰ．①化… Ⅱ．①于… Ⅲ．①化学－青年读物②化学－少年读物Ⅳ．①06-49

中国版本图书馆CIP数据核字(2012)第025409号

化学是你，化学是我

编　　著：于　川
责任编辑：李　鹏
出版发行：现代出版社
地　　址：北京市安定门外安华里504号
邮政编码：100011
电　　话：（010）64267325
传　　真：（010）64245264
电子邮箱：xiandai@cnpitc.com cn
网　　址：www.modempress.com.cn
印　　刷：汇昌印刷（天津）有限公司
开　　本：710×1000　1/16
印　　张：8.5
版　　次：2013年3月第1版　2021年3月第3次印刷
书　　号：ISBN 978-7-5143-1406-9
定　　价：29.80元